本书受到广东省教育厅2020年重点领域专项（编号2020ZDZX3066）的支持

社交推荐中的
用户相似度优化研究

韩　迪◎著

中国财经出版传媒集团

经济科学出版社
Economic Science Press

图书在版编目（CIP）数据

社交推荐中的用户相似度优化研究/韩迪著 . -- 北京：经济科学出版社，2023.2

ISBN 978 - 7 - 5218 - 4537 - 2

Ⅰ.①社…　Ⅱ.①韩…　Ⅲ.①数据处理　Ⅳ.①TP274

中国国家版本馆 CIP 数据核字（2023）第 032614 号

责任编辑：程辛宁
责任校对：李　建
责任印制：张佳裕

社交推荐中的用户相似度优化研究

韩　迪　著

经济科学出版社出版、发行　新华书店经销

社址：北京市海淀区阜成路甲 28 号　邮编：100142

总编部电话：010 - 88191217　发行部电话：010 - 88191522

网址：www. esp. com. cn

电子邮箱：esp@ esp. com. cn

天猫网店：经济科学出版社旗舰店

网址：http://jjkxcbs. tmall. com

固安华明印业有限公司印装

710×1000　16 开　13 印张　210000 字

2023 年 2 月第 1 版　2023 年 2 月第 1 次印刷

ISBN 978 - 7 - 5218 - 4537 - 2　定价：78.00 元

（图书出现印装问题，本社负责调换。电话：010 - 88191510）

（版权所有　侵权必究　打击盗版　举报热线：010 - 88191661

QQ：2242791300　营销中心电话：010 - 88191537

电子邮箱：dbts@ esp. com. cn）

前　　言

本书主要通过对推荐系统中用户相似度的优化问题入手，研究目前推荐系统中如何利用确定的数据（评分）更为准确地描述（表达）人类的模糊性情感问题。从理论角度来看，推荐系统相似度最高目标是尽可能地模拟表达人对研究对象的主观感受；而从工程角度来看，相似度计算是模拟同主观认知尽可能一致的客观相似度组合模型。用户在推荐系统中相似度主观感受过程可分为感知、理解和评价三个阶段，基于此本章提出了一种符合主观感受特点的客观相似度组合模型框架，其主要工作如下：

首先，从代表性的相似度算法分析入手，分析影响用户评分行为的相似性因素。同时，针对目前确定性数值化评分无法精准描述主观模糊判断的问题，采用三角模糊数的手段将主观情感模糊化，更贴近人类非确定的表达习惯。并提出了新的用户评分相似度，实现了用户相似性多角度模糊感知工作。

其次，针对数据稀疏性和冷启动等问题，本书引入外部属性数据，通过对局部用户评分相似性的基础上，做出全局理解用户相似度。整个过程可概括为具有"因果"关系的多层上下文可感知模型，解决目前使用深度学习带来的可解释性不强的问题，实现动态的个性化推荐。

此外，推荐系统的评价不仅仅以准确性作为唯一的判断标准，目前的评价以更加多样的视角来评定推荐结果的好坏。所以本书设计了具有准确性与均衡性制约关系的系统评价指标，在考虑评分准度的同时考虑推荐的多样性和新奇性等问题，解决目前推荐系统评价体系无法完整地、公平地比较算法优劣的问题。

本书提出的各种优化策略在目前主流的推荐系统开源数据集上展开实验（如 MovieLens，Amazon，LastFM 等），实验结果表明比起主流的推荐算法，本书所涉及改进后的策略在一定程度上提升推荐性能（如预测误差、推荐准度、推荐排序等），进一步说明所提出的推荐策略效率高，稳定性好。

本书的逻辑框架按照所研究的科学问题进行组织。目前已有的推荐系统研究工作已经将推荐精确度不断优化，但无论是传统算法还是神经网络，优化核心是根据上下文尽可能地寻找人与人、物与物之间的相似度。相似度研究的最高目标是尽可能地模拟人对相似性的主观感受，而从工程角度是模拟同主观感受尽可能一致的客观组合模型。所以结合本书所涉及的研究内容以及针对推荐系统中挖掘（对应问题 1 和问题 2）、召回（对应问题 3 和问题 4）和排序（对应问题 5 和问题 6 环节），旨在研究以下科学问题：

问题 1：特征工程如何完整地表达用户的主观感受。

首先，数据（特征工程）决定了推荐系统性能的上限，模型只是无限逼近这个上限。在推荐系统的任务中，人类是信息过滤的最终感受者，因此推荐系统推荐的核心应该反映人的主观感受。但是主观感受很难在推荐系统中通过分数（实数，如 3 分或者 5 分），来区分类似"一般般"以及"很不错"之间的语义区别。本章对于特征工程中采用三角模糊数和文本情感分析库描述主客观评分和评论，以此来解决目前确定的评分不能精准地描述主观感知与判断情感倾向的问题。

问题 2：特征融合如何能够体现数据的社交属性。

推荐系统需要深入了解"物品"（item）的交互，还需要了解"用户"（user）间的联系（相似度），因此推荐系统具有社交的属性。而社交属性本身具备隐式、多层的结构特点，我们应该尽量"挖掘"领域知识，尽量拟合特征数据的自然规律，用模型呈现、还原数据变化趋势。而不仅仅是用模型去过滤数据来验证设想的有效性。本章通过设计非线性的多层混合相似度和具有因果关系的可感知模型，解决目前推荐系统传统方法过于线性拟合和深度学习可解释性不强的问题。

问题 3：复合推荐模型如何体现用户阶段性偏好。

近年来序列化推荐（以自注意力机制为代表）利用动态的眼光来看待用户的兴趣变化（和传统方法的区别），这使得它成为推荐系统的研究新热点。然而，现有的自注意力机制的模型仍然存在一些局限性。首先，自注意力机制的模型作为一种深度学习模型，可以很好地学习数据中的高阶特征交叉信息，然而数据量较少时，自注意力机制的模型不能高效地学习到低阶特征交叉信息，严重限制了模型性能。另外，现有的自注意力机制的模型更注重用户选择的物品之间的关系，而对用户自身的信息考虑较少，这使模型并没有充分地利用数据中的所有信息，也影响了推荐系统"千人千面"的效果。

因此在算法"召回"实施阶段，当序列化推荐模型缺少合理的时序处理准则，导致时序偏好无法被准确度量，便出现以上局限性。同时，目前推荐系统发展到工业级数据后，通常需要经过大规模的复合模型处理。但是模型处理先后顺序，周期长短都直接影响预测推荐结果。类似使用同样的食材，使用不同的烹饪方法、不同的烹饪时长，最后出品的结果可能大相径庭。所以本章尝试基于在推荐系统的复合模型下，从较长的时间序列中获取更加有规律的信息策略，实现更为准确的用户阶段性偏好的数据挖掘方法。

问题 4：序列化推荐模型如何避免出现预测的偏差。

推荐系统的研究趋势在于准确地反映用户对物品喜好的变化规律。因此在实际的推荐"召回"过程中，很多工作通过致力于优化序列化模型，以此取得更好地拟合用户兴趣变化的行为数据。但盲目地对数据进行拟合，会导致很多严重的问题。因为用户的"行为习惯"和默认的模型之间存在着偏差（Bias），如果不考虑固有偏差，会影响模型拟合和用户体验。并且偏差是观察性的，而不是实验性的，即无法通过实验结果倒推出偏差，而需要根据偏差类型寻找模型与数据之间的规律。典型的偏差类型有：选择偏差、归纳偏差、一致性偏差和流行度偏差等。因此偏差的研究问题包含两个方面的内容：其一，如何添加偏差能够恰当反映用户的习惯变化？其二，用户习惯的偏差变化有何种规律？

从具体实践来说，序列化推荐系统中使用自注意力权重，重点考虑了物品之间的相似度，考虑了用户兴趣的变化（渐变），却没有捕捉用户的行为模式变化（突变）。在本书中，我们首次将含有时序偏差的自注意力模型引入推荐系统领域，通过微调自注意力模型中的自注意力权重，加入了偏差矩阵，能够更敏感地依据用户的行为习惯动态捕获用户对物品喜好的变化。根据不同的用户状态选择不同的变化趋势函数，不仅能够反映用户渐变的爱好，同时也可以反映用户突变的兴趣，从而提高预测性能。

问题 5：推荐系统的性能指标如何设计尽可能全面。

随着上述推荐系统模型不断推陈出新，预测准确性也不断再提高，但用户可能会得到相较"更加准确"的推荐结果，但有可能会降低了用户满意度。推荐系统最终的性能优劣是模拟人对推荐结果的主观感受（用户体验），而不是机器。而人对感受是多方面的，即准确性并不能作为推荐系统性能评估唯一度量。大部分研究仅专注于推荐的算法优化研究而忽视推荐系统评估指标的关系研究；而且大部分算法追求的是最大化立即收益而忽略了推荐的长期收益。为了进一步反映推荐系统性能的差异，在本书的工作中通过增加具有鲁棒性、多样性以及新奇性等推荐系统指标评价框架。实验结果表明，所提出的框架在假设数据集和基准数据集的基础上，能够有效反映准确性相似的不同算法之间推荐性能差异，解决目前推荐系统评价指标无法完整的、公平的评价算法长期受益的优劣问题。

问题 6：推荐结果的如何在准确性与均衡性取得平衡。

在推荐系统的结果排序阶段，算法的性能评价缺少对均衡的性能考虑，导致用户体验瓶颈无法突破。虽然"准确性"是广为人知的评价标准，但性能"准"不能完全代表性能"优"。因为人的感受具备非线性、多尺度、多样性等特点，从这一角度，本书提出了与"准确性"相耦合的另外一个"整体性"（非准确性）的概念。我们工作的重点不是提出一个新的概率，而是提出一个新的"关系"。这个关系是从结果出发，反向作用于模型本身。因为目前所有的评价和算法策略中，大部分是追求准确性的提升，而忽略了整体性对推荐系统的性能的影响。因为最优的排序策略是寻找某一个限定条件下的稳定平衡关系，而不是追求单一的评价标准。为了提高用户对推荐系统的用户体验，我们迫切需要建立一个平衡判断"关系"来验证推荐系统整体性能。本书基于以上工作，提出均衡模型基于推荐系统指标评价框架的约束，能够对推荐的结果在准确性、新颖性和多样性的综合考虑下进行重新排序。与主流的推荐模型对比，均衡模型能够尽最大可能达到整体最优的推荐性能输出。

目　　录

第 1 章

绪　　论

1.1　研究背景和研究意义

信息爆炸是互联网技术赋予这个时代的特征，各类电子设备、高科技软件帮助人们互传音讯，足不出户便通晓南北，高效、迅捷，且极大地丰富了人们的日常生活。然而，随着海量碎片化信息的侵袭，如何快速精准地识别有用讯息，帮助用户理性决策，帮助商品脱颖而出成为信息过载（information overload）时代所面临的巨大挑战。推荐系统作为一种信息过滤系统，能根据用户自身画像或是用户历史行为，挖掘用户个人偏好，预测用户可能感兴趣的项目并为其作出个性化的推荐[1]。推荐系统的存在增强了用户与商品之间的交互性，促进了线上交易和经济增长。

从用户和商家的角度来看，用户会面临喜好

不明确或者是选择过多的尴尬处境，商家则希望能定向地向用户投放自己的商品信息，提高网站访问量，提升商品转化率[2]。因此，相比起同样能过滤信息的搜索引擎等信息过滤系统，推荐系统以高效优质的推荐服务更加受到大众的青睐。

推荐系统的首要目的就是进行精准推荐。亚马逊（Amazon）针对庞大的客户群和产品目录建立推荐系统，快速生成线上推荐，提高了20%～30%的营业额[3]。社交网站脸书（Facebook）利用推荐系统，结合用户喜好和好友信息，成功实现广告推销[4]。视频网站优兔（YouTube）实现了深度学习算法与推荐系统框架的完美结合，能从数百万计的视频中挑出最吸引观影者的数十条视频，提升用户满意度的同时也提高了网页流量[5]。著名的豆瓣网站利用搜集到的用户评论、用户打分以及标签信息等，成功进行了电影、书籍、音乐等相关推荐。

现实生活中的大量成功案例不仅证明了推荐系统在过滤信息，匹配用户项目上的极大优势，还体现了推荐方法极大的兼容性。推荐算法可以结合社交信息[6]、深度学习算法[7]、强化学习算法[7]、上下文信息[8][33]等，增强模型的泛化能力，促进推荐效率进一步提升。

推荐系统的优势还体现在它并非将预测准度作为权衡推荐效率的唯一途径。而从人的主观感受来看，在某些特定的情景下，人们可能倾向于用更加多样化的方式去评价推荐的好坏[9][10]。例如，用户浏览过一条和春节联欢晚会相关的视频，视频后台捕获到了这一信息，按照高准度推荐原则给用户后续推荐的全是该类视频，此时的推荐过于单一，缺少新颖性，那么用户可能不会认为这是一个好的推荐。另一类常见的长尾（the long tail）问题[1]，指的就是推荐系统偏向于推荐大众热门商品，但往往是那些小众冷门的商品带来更为可观的收益。著名的谷歌（Google）就利用了长尾理论来优化推荐算法，其大部分的收入并非来自耳熟能详的大型广告商，而是数以百万计的小型广告公司[11]。因此，除了准确度外，推荐系统也衍生出了诸如覆盖率、新颖度、惊喜度等评价指标[12][13][14]，增加了推荐的多样性，满足用户的多元化需求。

推荐系统能从海量的信息中找到真正有用的信息，连接用户与信息，创造价值，受到了众多电子商务网站的青睐，真正实现人与物品的快速准确匹配，实现消费者与生产商互惠互利的和谐局面。

1.2　推荐算法国内外研究现状

个性化推荐引擎，即推荐系统，是一种信息过滤的自动化处理手段，在解决信息过载（information overload）[37]问题中具有重要的应用研究价值。1994 年明尼苏达大学研究组推出第一个自动化推荐系统 GroupLens[15]，专家学者们开始关注依赖于显式打分的推荐问题。若干年后，亚马逊（Amazon）把"协同过滤"用到了极致[3]，并衍生出了各种混合推荐算法。著名的视频网站奈飞（Netflix）于 2006 年推出百万奖金大赛，激励出 SVD[16]及其变种算法，矩阵分解算法不断推陈出新。近几年社交平台优兔（YouTube）又将深度神经网络应用到推荐系统中，实现了从"大规模可选的推荐内容"中找到"最有可能的推荐结果"让 DNN 推荐算法大放异彩[5]。最近阿里巴巴作为互联网电商平台在人工智能促进协会（Association for the Advancement of Artificial Intelligence，AAAI）上提出的异构行为神经网络框架应用在推荐系统中[17]，进一步提高推荐效果。

从学术研究到工业应用，从传统推荐方法到跨领域工作结合，推荐系统因其灵活、高效的特点在漫漫研究历史长河中留下了浓墨重彩的一笔。而随着社会的发展，传统的推荐方法已不能满足人们的工业需要，面对工业上遇到的各种新问题，无数优秀的推荐算法应运而生。

推荐系统在处理数据的过程中常见的一类问题是不确定度问题，即人类行为决策的不确定性。研究发现有不少处理推荐系统中不确定度问题的方法，例如，贝叶斯方法，马尔科夫模型、模糊方法、深度学习方法等，其中使用最多的就是结合模糊逻辑的推荐方法[18]，比起用非 0 即 1 的明确表述方法，模糊语义方法更能描述人们不确定的模糊偏好[18][19]。在推荐系统中使用模糊方法的方式多种多样，文献［19］提出将模糊逻辑的概念应用到基于内容的推荐中，这类方法主要解决目标表示、用户偏好建模、用户画像和领域专家知识使用问题。文献［20］认为工作中同时考虑评分和额外项目信息，使用模糊 C 均值聚类的推荐算法。文献［21］引入了一种多标准协同过滤模型 ANFIS，将基于自适应网络的模糊推断系统与减法聚类和高阶奇异值分解相结合。文献［22］提出了一种基于模糊关联规则和多层次相似度的协同过滤方法，而大多数协同过滤方法[23][24]关注于使用模糊概念拓展传统相似度，提出关于用户或项目的新的相似度模型。

推荐系统发展过程中遇到的又一障碍是模型拟合能力弱的问题。例如，传统的推荐方法矩阵分解利用的是线性拟合，虽然该类方法取得了一定的成功，但是现实生活中人类思维方式以及大多数事物的运作更多的体现是一种非线性思维，基于此推荐系统实现跨领域工作结合，促进新的推荐领域蓬勃发展。

提升模型拟合能力的一种方式是在推荐方法中融入深度学习思想。著名的视频推荐网站优兔（YouTube）在推荐模型中引入了候选生成神经网络和排序神经网络[5]，解决了数据规模大、缺乏实时性和噪声等问题，并在此基础上不断创新。文献［4］提出了一种基于宽深度模型的 Google Play 应用推荐，针对点击率预测问题，Google 又在推荐模型中引入了 DCN 网络，在保留 DNN 优点的同时，添加了寻找交叉特征的交叉网络[25]。阿里巴巴、华为、腾讯等大型国有企业更是先后推出了各具代表性的推荐算法[26][27][28]。基于深度学习的推荐算法因其端到端，以及可以根据数据类型进行合适的调整等优良性质而得到研究人员的广泛关注[7]。虽然该类模型能模拟人类的非线性思维，但是缺乏可解释性，而且实验结果的优劣往往与诸多参数调整以及评价标准有关[29]。

另一种提升模型拟合能力的方式是向模型中添加额外信息。传统的推荐模型一般只利用用户评分信息、用户画像信息等，而利用丰富的数据资源可以提升模型的表达能力、增强可扩展性。相比利用深度学习的推荐算法，此类算法解释性更强。例如，添加社交信息，如 Facebook 中的好友设置、豆瓣的评论区设置、Twitter 的追踪设置、Epinion 中的信任关系设置[30][31]等都为各网站提供了丰富的社交信息资源，社会化推荐的研究也因充足的数据资源不断地革故鼎新。添加上下文信息则增强了模型随机生成推荐结果的个性化推荐能力。研究者们利用环境驱动的方法生成移动游客推荐系统[32]，或者利用上下文查询相关评分数据[8][33]。还可以添加专家评估信息[34]等，提升推荐模型的主观表达能力。

在结果排序阶段，算法的性能评价也是推荐过程中不可或缺的一部分。目前的评价体系缺少均衡的性能考虑，导致用户体验瓶颈无法突破。虽然"准确性"是广为人知的评价标准，但推荐系统最终的性能优劣是模拟的人的感受而不仅是机器，性能"准"不能完全代表性能"优"。因为人的感受具备非线性、多尺度、多样性等特点，从这一角度，本书提出了与"准确性"相耦合的另外一个"整体性"（非准确性）的概念。传统的评分"准确性"度量 RMSE、MAE 外，还涌现出了许多排序指标来评估算法的优劣，例如，NDCG、MAP 等，此外，还有一些研究者们从用户心理角度出发，以推荐准度之外的评价指标来衡量推荐性能，例如，覆盖率、新颖度[14]等，我们都可以称之为"整体性"（非准确性）。目前所有的评价和算法策略中，大部分是追求准确性的提升，而忽略了整体性对推荐系统的性能的影响。因为最优的排序策略是寻找某一个限定条件下的稳定平衡关系，而不是追求单一的评价标准。为了满足提高用户对推荐系统的用户体验，建立一个平衡判断机制来验证推荐系统整体性能，这也是推荐系统中的一个重要研究课题。

1.3 推荐系统方法概述

1.3.1 推荐系统方法分类

推荐的过程可以看成是预测未使用商品对于目标用户效用的过程，如果预测结果用数值表示的话，推荐即为估计用户对未接触过项目的评分。直观来看，这个评分估计通常基于用户对其他项目的评分。如果能预估出待评分项目的评分，就可以把评分数最高的项目定向推给目标用户。推荐系统形式化定义如下：

令 C 为用户集；S 为所有可能被推荐的项目集，例如，视频、软文或音乐等；令 u 为效用函数，用于衡量项目 S 对用户 C 的效用程度，即 $u：C \times S \to R$，其中 R 是全有序集，例如，某一范围内的非负整数或实数。对于每个用户 $c \in C$，则选出最大化用户效用的项目 $s' \in S$，即：

$$\forall c \in C, \ s'_c = \arg \max_{s \in S} u(c, s) \qquad (1-1)$$

在推荐系统中，经常利用评分来度量目标用户对指定项目的偏爱程度。推荐系统方法多样，各国研究者们对于推荐模型的分类也看法各异。例如，根据数据分类，可以分为协同过滤推荐、基于内容的推荐、混合推荐[35]等。如果按照模型分类，可以分为基于领域的推荐、矩阵分解推荐和图推荐模型[36]。如果按照推荐结果分类，推荐问题能被划分为评分预测问题和 top-N 推荐问题[37]。本章中我们采用文献［38］整理的分类方法，将推荐方法分为两类：传统推荐模型和基于深度学习的推荐方法。

推荐本质上是一个匹配问题，即给定用户，匹配最佳的项目[39]。从此角度来看，推荐方法可分为两类：传统推荐算法和基于深度学习的推荐算法[38]。传统推荐算法又可以细分为协同过滤和基于广义特征（generic feature based）的方法，基于深度学习的推荐算法可以细分为表示学习方法和匹配函数学习方法[38][39]。具体分类方法如图 1-1 所示。

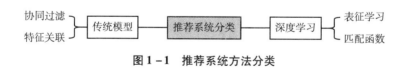

图 1-1　推荐系统方法分类

1.3.2　传统推荐方法

传统的推荐算法通过分析用户特征或项目特征之间的关系来进行匹配[38]。根据是否使用边信息（side information）又可划分为协同过滤（collaborative filtering，CF）推荐模型和基于特征的推荐方法。在目前各大门户的互联网网站推荐模块中我们都可以看到协同过滤的使用"身影"，例如，豆瓣网站根据用户已经看过的电影，协同推荐"喜欢这部电影的人也喜欢的电影"。

传统的协同过滤算法利用用户–项目之间的交互信息，计算用户或项目之间的相似度，遵循物以类聚、人以群分的集体智慧生成推荐。但随着数据量级的增大，用户–项目交互矩阵难免稀疏，从而导致冷启动等问题，而基于特征的推荐算法额外引入边信息，并考虑特征间的关联，用适合的模型解决了此类问题。

1.3.2.1　基于协同过滤的推荐模型（代表：MF）

协同过滤算法的思想就是分析用户–项目的历史交互行为，运用集体智慧去定向推荐。具体来说就是完成对大型稀疏的用户–项目评分矩阵的填充工作[40]。常见方法有矩阵分解（MF）[16]、偏差 SVD（bias-SVD）[41]、SVD++[42] 等。协同过滤推荐模型通常被划分为基于记忆的协同过滤（memory-based CF）和基于模型的协同过滤（model-based CF）算法[1][43] 这两类。协同过滤算法解决的推荐问题形式化如下：

（1）基于记忆的协同过滤。基于记忆的协同过滤算法直接使用交互矩阵中的评分预测新项目的打分，这可以通过两种方式去实现，即基于用户（user-based）的协同过滤算法和基于项目（item-based）的协同过滤算法[43]。

基于用户的协同过滤是通过聚合相似用户对目标项目的评价来估计用户对目标项目的评分[10]。相似用户是经相似度度量计算所得，通常用皮尔森相似度度量[43] 或余弦相似度度量[35][48]。通常选择 K 个最近邻，即与给定用户 i 相似度最高的 K 个用户，聚合他们在待测项目 j 上的评价以生成给定用户 i 在目标项目 j 上的评分：

$$\hat{R}_{ij} = \frac{1}{C} \sum_{k \in Z_i} \mathrm{sim}(i,\ k) R_{kj} \qquad (1-2)$$

其中，Z_i 为目标 i 的 K 个近邻用户，C 为归一化常量，$\mathrm{sim}(i,\ k)$ 表示用户 i 和 k 间的相似性。上式只是一种基于用户的协同过滤的简单形式，陆续有研究者们在此基础上提出了修正与改进，文献［45］利用了递归近邻搜索技术、文献［46］基于用户偏好计算用户间相似度。

不同于以用户为导向的推荐方法，基于项目的方法是利用用户以往对其他项目的评分信息来推荐新项目[3][47][48]。计算每个候选项目和用户评分过项目的相似度，越相似的越可能吸引用户，由此生成推荐。项目之间相似性通常用余弦相似度[35][48]或调整的余弦相似度[49]计算所得，同理，简化的基于项目的协同过滤推荐公式如下：

$$\hat{R}_{ij} = \frac{1}{C} \sum_{k \in Z_j} \mathrm{sim}(j, k) R_{ik} \qquad (1-3)$$

其中，Z_j 为目标 j 的 K 个近邻项目，C 为归一化常量，$\mathrm{sim}(j, k)$ 衡量的是项目 j 和 k 间的相似度。

基于记忆的推荐系统存在一些明显缺点：其一，全部用户对或项目对之间的相似度运算工作是耗时且昂贵的；其二，推荐准度的提升依赖于采用的相似度的度量。另外，基于记忆的推荐系统存在冷启动问题（cold-start problem）。冷启动现象描述的是缺少用户或项目的原始相关信息时，推荐系统无法作出相关预测或推荐的情况[50]。冷启动同样存在两种情形：新用户冷启动问题和新项目冷启动问题[51]。新项目冷启动是由于系统中新添加的项目没有评分信息[52][53]，推荐这种未评过分项目的概率会非常低，甚至不会被推荐。新用户冷启动是指面对刚进入系统中的不存在浏览或评分历史的用户，难以向其推荐任何项目的场景[54]。但是推荐系统可以结合用户或项目等边信息，帮助改良相似度，弥补上述缺点。

（2）基于模型的协同过滤。基于模型的协同过滤将 U-I 矩阵作为输入，对矩阵中的缺失项进行预测[31][43]。训练的预测模型能够用于生成用户推荐，方法如下：

$$f(p_i, q_j) \rightarrow R_{ij}, \ (i=1, 2, \cdots, M; j=1, 2, \cdots, N) \qquad (1-4)$$

其中，p_i 和 q_j 分别代表用户 i 和项目 j 的模型参数。f 是一个映射函数，模型参数经 f 作用得到已知数据，如评分。因此，基于模型的协同过滤的目的就是在函数 f 映射下从已知数据 R 估计模型参数 p 和 q。

传统的基于模型的协同过滤方法包括隐语义模型，它根据隐含特征将用户向量与项目向量联系起来[55]；混合模型对志趣相投的用户的每个集群的概率分布进行建模[56][57]。其中，矩阵分解（MF）因为可扩展性好，准确度高而受到了大量关注[16]。矩阵分解模型从矩阵中学习用户和项目的低秩表示（也叫隐变量），并进一步预测用户 – 项目矩阵的未评分项。最常见的矩阵分解公式形式化定义为：

$$U^*, \ V^* = \underset{U,V}{\mathrm{argmin}}\Big[\frac{1}{2}\sum_{i=1}^{M}\sum_{j=1}^{N}I_{ij}(R_{ij}-U_i^T V_j)^2 + \frac{\lambda_U}{2}\|U\|_F^2 + \frac{\lambda_V}{2}\|V\|_F^2\Big]$$

$$(1-5)$$

其中，U 和 V 是两个矩阵的隐向量，U^* 和 V^* 代表最优值。U_i 是 U 的列向量，也叫用户 i 的隐向量，类似地，V_j 也叫项目 j 的隐向量。I_{ij} 为指示函数，当 $R_{ij}>0$ 时为 1，否则为 0。$\|U\|_F$ 代表矩阵的 Frobenius 范数。λ_U 和 λ_V 是用于缓解模型过拟合的正则化因子。基于模型的协同过滤，尤其是矩阵分解方法，也可以添加外部信息优化方法。

1.3.2.2　基于广义特征的推荐模型（代表：FM）

协同过滤与基于特征（generic feature-based）的方法最大的区别体现在数据源上，前者仅利用用户与项目的交互信息（如评分数据），而后者还利用了大量的边信息（side information），丰富数据信息，提升模型效果。边信息来源广泛，例如：用户边信息即为用户自身属性信息（如年龄、性别、居住地等）；项目边信息（如项目描述、图文特点等）；甚至时间、地点、气候这种上下文信息也可以看成是边信息。在数据稀疏的情况下，引入丰富的边信息资源，可以生成理想的特征组合，增强模型表达能力。

下文将介绍基于特征方法的代表性算法——因子分解机（factorization machine，FM）[58]。

（1）因子分解机背景介绍。

点击率（click-through rate，CTR）预估是现实生活场景中非常重要的一个推荐问题，CTR 就是向客户展示商品估计其点击的可能性。由于分类特征的 one-hot 编码，特征是非常稀疏的。而各种组合特征通常会正向影响客户点击某个项目的概率。例如，女性点击美妆类项目的概率可能显著高于男性点击的概率，因此对于"类别 = 美妆类"和"性别 = 女性"同时出现的样本，其 CTR 值应相对更高。

针对上述问题，学术人员研究出了因子分解机模型。它能在处理大规模稀疏数据的同时保持良好的泛化性能，此外还能自动地学习交叉特征带来的信息。

（2）因子分解机模型。

以最常用的二阶模型为例，FM 模型公式如下所示：

$$\hat{y}(x) = w_0 + \sum_{i=1}^{n} w_i x_i + \sum_{i=1}^{n} \sum_{j=i+1}^{n} \langle v_i, v_j \rangle x_i x_j \qquad (1-6)$$

其中，$w_0 \in \mathbb{R}$，$w \in \mathbb{R}^n$。$\langle v_i, v_j \rangle$ 表示的是两个向量的点积，如下式：

$$\langle v_i, v_j \rangle : = \sum_{f=1}^{k} v_{i,f} \cdot v_{j,f} \qquad (1-7)$$

$V \in \mathbb{R}^{n \times k}$ 矩阵表示如下：

$$V = \begin{pmatrix} v_{11} & v_{12} & \cdots & v_{1k} \\ v_{21} & v_{22} & \cdots & v_{2k} \\ \vdots & \vdots & & \vdots \\ v_{n1} & v_{n2} & \cdots & v_{nk} \end{pmatrix}_{n \times k} = \begin{pmatrix} v_1^T \\ v_2^T \\ \vdots \\ v_n^T \end{pmatrix} \qquad (1-8)$$

交互系数矩阵 $\hat{W}$ 如下：

$$\hat{W} = VV^T = \begin{pmatrix} v_1^T \\ v_2^T \\ \vdots \\ v_n^T \end{pmatrix} (v_1 \quad v_2 \quad \cdots \quad v_n) = \begin{pmatrix} v_1^T v_1 & \hat{w}_{12} & \cdots & \hat{w}_{1n} \\ \hat{w}_{21} & v_2^T v_2 & \cdots & \hat{w}_{2n} \\ \vdots & \vdots & & \vdots \\ \hat{w}_{n1} & \hat{w}_{n2} & \cdots & v_n^T v_n \end{pmatrix}_{n \times n} \qquad (1-9)$$

$\hat{W}$ 的非对角元素即为 $x_i x_j$ 的系数。FM 模型是在一维线性模型中加入了二维特征交互，基于特征向量自身以及互异的特征向量的交叉表示去描述各维特征，因此能表现出很好的泛化性能。

1.3.2.3 传统推荐算法小结

总的来说，传统的推荐算法在数据源良好时能获得很好的推荐效果，边信息的引入也进一步提升了模型拟合能力，模型简单，通俗易懂且扩展性好。

1.3.3　基于深度学习的推荐算法

基于深度学习的推荐与传统推荐方法最大的差异表现在前者融入了神经网络这一工具。神经网络的最大特点是它利用非线性映射来模拟人类非线性的思维方式，原始未经加工的特征经过神经网络作用后可以得到高阶、非线性的有用特征，从而极大地提升了模型效果。按照学习方式的不同，基于深度学习的方法也可以分为两类：一是基于表示学习的推荐方法；二是基于匹配函数学习的推荐方法[38]，如图 1-2 所示。

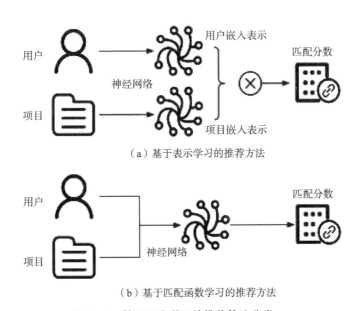

（a）基于表示学习的推荐方法

（b）基于匹配函数学习的推荐方法

图 1-2　基于深度学习的推荐算法分类

1.3.3.1　表示学习（代表：DCF）

表示学习（representation learning）这类方法是通过神经网络分别学习出用户和项目的低维表示（Embedding），然后对两者的低维嵌入进行内积或余弦处理，计算出它们的得分。这类方法根据是否添加"边信息"也可分为两类：第一，基于协同过滤的表示学习方法；第二，协同过滤方法与边信息结合的表示学习方法[39]。

与传统的推荐方法相比，表示学习在传统的矩阵分解（MF）模型中增加多层感知机（MLP），增强了模型的非线性拟合能力。

（1）基于 CF 的表示学习方法。

传统的协同过滤方法如矩阵分解 MF，也可以看成是一种基础的表示学习方法。MF 输入 one-hot 编码的用户向量和项目向量，经过线性嵌入层，对用户嵌入向量和项目嵌入向量进行内积操作得到匹配分数。

而基于深度学习的表示学习方法与上文传统表示学习方法最大的区别在于"表示函数"上，以 MF 为代表的传统推荐方法使用的线性嵌入，而利用深度学习的表示学习方法使用的是以神经网络为基础的非线性嵌入，例如，深度矩阵分解模型[59]，它的输入层由两部分组成，分别是用户交互过的项目集合和项目交互过的用户集合，都用 multi-hot 来表示。然后用经典的全连接网络进行非线性嵌入，最后用余弦函数表示两个向量之间的匹配分数。

（2）基于 CF 和边信息的表示学习方法。

由于边信息能带来丰富的数据资源，提升模型性能，不少研究者们也展开了这一方面的研究。

例如，代表算法深度协同过滤（deep collaborative filtering，DCF）[60]，它的输入包括交互矩阵、用户边信息（如年龄、性别等），以及项目边信息（如文本、标题、类别等）。分别用自编码学习用户边信息和项目边信息，对交互矩阵作低秩分解学习各自的隐矩阵。整个模型的学习既保证用户特征和项目特征的编码尽量准确，又要保证矩阵分解误差尽可能小。

1.3.3.2 匹配函数学习（代表：NCF）

这类方法是一种端到端的学习方法，它不直接学习用户和项目的低维嵌入表示，而是直接通过神经网络对用户和项目进行匹配，并计算出其匹配分数[38]。匹配函数深度模型也可以分为两种：基于协同过滤的匹配函数学习方法和基于特征的匹配函数学习方法[39]。

（1）基于协同过滤的匹配函数学习模型。

以该类典型算法神经协同过滤（neural collaborative filtering, NCF）[61] 方法为例：一方面，利用矩阵分解学习用户和项目嵌入，并通过向量内积预测匹配得分；另一方面，利用 MLP 学习用户和项目的非线性嵌入，提升了网络的拟合能力。

（2）基于特征的匹配函数学习模型。

基于协同过滤的推荐算法的输入大多是高维稀疏向量，而现实生活中许多特征向量是相互关联的，因此不少科学家通过捕捉特征之间的交叉关系，研究出了多种基于特征的模型，既缓解了输入数据的高维稀疏问题，又提升了模型的泛化能力。

经典算法宽深度模型（wide & deep）[4]，用 wide 部分学习高频低阶特征，用 deep 部分学习长尾样本，实现了模型优良的泛化性和记忆性。

1.3.3.3　Embedding 介绍

上述基于深度学习的推荐算法中反复提到了 Embedding 这个概念（但事实上 Embedding 不仅仅只属于深度学习范畴，在传统推荐算法也会使用）。那么什么是 Embedding？推荐系统为什么要用 Embedding？

Embedding 简单地说就是浮点数的"数组"，［0.2，0.4］这就是二维 Embedding，往复杂了说就是用一个低维稠密的向量"表示"一个对象，这里所说的对象可以是一个词（Word2Vec），也可以是一个物品（Item2Vec），抑或是网络关系中的节点（Graph Embedding）。其中"表示"这个词意味着 Embedding 向量能够表达相应对象的某些特征，同时向量之间的距离反映了对象之间的相似性，在推荐系统的实践中 Embedding 实质上是反映了一种兴趣程度。

在 Embedding 未普及前，one-hot 可以理解为 Embedding 的"平替"。从图 1－3 直观上看 Embedding 相当于是对 one-hot 做了平滑，而 one-hot 相当于是对 Embedding 做了 max pooling。

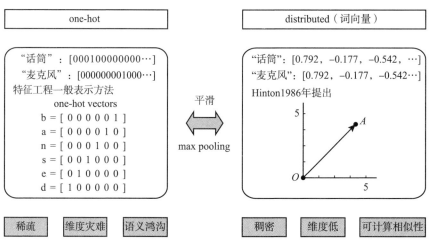

图 1-3 Embedding 和 one-hot 区别

　　一般意义的 Embedding 是神经网络倒数第二层的参数权重，只具有整体意义和相对意义，不具备局部意义和绝对含义（因此 Embedding 又叫 latent factor，即隐向量 [4，7，27]）。因为其意义与 Embedding 的产生过程有关，任何 Embedding 一开始都是一个随机数，然后随着优化算法，不断迭代更新，最后网络收敛停止迭代的时候，网络各个层的参数就相对固化，得到隐藏层权重表（此时就相当于得到了我们想要的 Embedding）。关于为什么 Embedding 是神经网络倒数第二层的参数权重。首先，最后一层是预测层，倒数第二层与目标任务强相关，得到了 Embedding，就可以用权重来表征该样本。其次，获得 Embedding 的目的是方便检索，检索实际上就是求距离最近，就是叉积最小 [18]。倒数第二层之前的隐层和倒数第二层的权重相乘可以理解为检索的过程，因为也是求叉积，而且一次性求了和所有候选物品（item）的叉积，所以可以拿 Embedding 直接做权重。

　　那么推荐系统为什么需要 Embedding？

　　在推荐系统中我们可以用 Embedding 作为向量，运用在推荐算法中作为近邻推荐（nearest neighbor，NN），从而实现物物推荐，人人推荐，人物推荐。其主要有四个运用方向：

　　（1）在深度学习网络中作为 Embedding 层，完成从高维稀疏特征向量到低维稠密特征向量的转换（例如，wide & deep、DIN 等模型）。因为推荐场景中大量使用 one-hot 编码对类别、id 型特征进行编码，导致样本特征向量极度稀疏，而深度学习的结构特点使其不利于稀疏特征向量的处理，因此几乎所有的深度学习推荐模型都会利用 Embedding 层将高维稀疏特征向量转换成稠密低维特征向量。因此，掌握各类 Embedding 技术是构建深度学习推荐模型的基础性操作。

（2）作为预训练的 Embedding 特征向量与其他特征向量连接后，会一起送入深度学习网络进行训练（例如，FNN 模型）。相比 MF 矩阵分解等传统方法产生的特征向量，Embedding 本身就是极其重要的特征向量。而且 Embedding 的表达能力更强，特别是 Graph Embedding 技术被提出后，Embedding 几乎可以引入任何信息进行编码，使其本身就包含大量有价值的信息。在此基础上，Embedding 向量往往会与其他推荐系统特征连接后一同输入后续深度学习网络进行训练。

（3）通过计算用户和物品的 Embedding 相似度，Embedding 可以直接作为推荐系统的召回层或者召回策略之一（例如，Youtube 推荐模型等[5]）。Embedding 对物品、用户相似度的计算是常用的推荐系统召回层技术。在局部敏感哈希（locality-sensitive hashing）等快速最近邻搜索技术应用于推荐系统后，Embedding 更适用于对海量备选物品进行快速"筛选"，过滤出几百到几千量级的物品交由深度学习网络进行"精排"。

（4）通过计算用户和物品的 Embedding，将其作为实时特征输入到推荐或者搜索模型中（例如，Airbnb 的 Embedding 应用）。值得一提的，就是以前的 Embedding 都是离线计算的，但是在 2017 年 Facebook 发布了 faiss 算法，就可以流式添加 Embedding，然后百万数据量的计算缩短在毫秒（ms）级了。

1.3.3.4 深度学习推荐算法小结

综合来看，基于深度学习的推荐算法具有以下特点：第一，用户或项目要么用其 id 表示，要么用有过历史交互的行为来表示，且用后者作为表示用户或项目的方式表达效果更好，但是模型会更复杂；第二，使用用户 – 项目矩阵的交互信息去训练模型，部分模型会使用用户或项目的边信息丰富特征表达能力；第三，设计合适的模型结构捕捉高阶特征，增强模型非线性表达能力。常被用于工业生产中，推荐效果好，但可解释性差。

1.4 推荐系统性能评价

在许多应用场景中用户希望推荐系统不仅能准确预测他们的喜好，还能帮他们发现多样化的新产品，能保护用户隐私等。因此，需要依靠某些相关指标评估推荐系统的性能。常见的评估方式有三种：离线实验、用户研究和在线实验[1]。

执行离线实验是最简单的，利用现有数据并模拟用户行为以估计实验结果。稍微昂贵点的选择是用户研究，即邀请小部分用户参与系统中的任务，然后回答自身体验。在线实验是对系统效果进行上线实时评测，这类方法通常会邀请现实用户参与任务评估。

下面展开介绍推荐任务中常用的评价准则。

1.4.1 评分预测指标

推荐问题按照推荐结果方式不同分为评分预测问题和 top-N 排序问题[37]。当推荐任务是对预测的用户评分进行评估时，为了衡量推荐结果的准确性，通常使用一些常见的评分预测评价标准，例如，平均平方误差（mean squared error，MSE）、均方根误差（root mean squared error，RMSE）、平均绝对误差（mean absolute error，MAE）等。

系统对用户项目对（u，i）的测试集 T 生成预测评分 $\hat{r}_{ui}$，真实评分 r_{ui} 可能由于用户研究或在线实验而获取是已知的。则预测评分与实际评分之间的 MSE、RMSE、MAE 分别为：

$$MSE = \frac{1}{|T|} \sum_{(u,i) \in T} (\hat{r}_{ui} - r_{ui})^2 \tag{1-10}$$

$$RMSE = \sqrt{\frac{1}{|T|} \sum_{(u,i) \in T} (\hat{r}_{ui} - r_{ui})^2} \tag{1-11}$$

$$\text{MAE} = \sqrt{\frac{1}{|T|} \sum_{(u,i) \in T} \| \hat{r}_{ui} - r_{ui} \|} \qquad (1-12)$$

注意到 RMSE 其实就是 MSE 开方后的结果。另外 RMSE 相对于 MAE 对大误差更加敏感，这类准确度也适用于关注精确的评分估计的推荐系统。

1.4.2　排序预测指标

大型数据推荐场景中，评分矩阵的稀疏以及冷启动等问题无形中增加了准确评分的难度，而估计用户可能会感兴趣的项目会容易得多。因此研究者针对此类问题提出了 top-N 评价体系，不同于直接预测评分，它是根据隐反馈数据（例如，浏览时长、点击收藏等）生成一组目标客户最有可能喜欢的项目集合进行定向推荐。

针对 top-N 推荐任务，比较常用的评估准则有准确率（precision）、召回率（recall）[37]。对每个目标用户 u，R_u 为推荐算法给出的用户可能感兴趣的结果，T_u 为测试集中用户实际喜欢的物品集，则二者公式分别为：

$$\text{Precision} = \frac{\sum_u |R_u \cap T_u|}{\sum_u |R_u|} \qquad (1-13)$$

$$\text{Recall} = \frac{\sum_u |R_u \cap T_u|}{\sum_u |T_u|} \qquad (1-14)$$

后来陆续有研究者引入新的评价指标，如 HR、NDCG、MRR 等，考虑了具体的排序推荐值，也更加合理。

1.4.3　其他评价指标

前面介绍的评测指标大多针对具体的推荐任务而设，但是实际应用中，为了提升用户满意度，往往还会考虑其他一些评价指标来改善推荐性能，例如，样品种类覆盖度、推荐商品新颖度、推荐集合多样性、带给用户惊喜度等。

1.4.3.1 覆盖度

推荐系统的覆盖度是对系统中项目范围的度量，系统在该范围内生成预测或作出推荐[37]。覆盖度与以下两个概念有关：一个是系统能生成推荐的项目所占比重；一个是有效地推荐给用户的可用项目的百分比[1][10][13]。本节采用文献［13］中的定义讨论两种覆盖度：预测覆盖度和目录覆盖度。

预测覆盖度高度依赖于推荐引擎及输入。用 I 代表所有项目集，I_p 描述推荐给出的集合，则预测覆盖度可用下列公式定义：

$$prediction\,coverage = \frac{|I_p|}{|I|} \qquad (1-15)$$

其中，I_p 获取的方式因使用的推荐方法的不同而不同。

目录覆盖度通常度量的是单个时间节点生成的一列推荐。用 I_L 表示在测量时间内第 j 次推荐返回的列表 L 包含的项目集，N 表示测量时间内的推荐总数，I 表示所有项目集（即目录），则目录覆盖度形式化定义如下：

$$catalog\,coverage = \frac{|\bigcup_{j=1,\cdots,N} I_L^j|}{|I|} \qquad (1-16)$$

1.4.3.2 新颖度

新颖推荐是向目标客户群推荐让其眼前一亮的新产品。在实际生活中，最简单直接的方式就是过滤掉用户已经评分或使用过的项目，保持用户的新鲜感。该度量不需要使用用户信息，只涉及推荐列表中的项目信息。比较简单常见且广泛使用的新颖度定义如下[14][46][52]：

$$\text{nov}(R_u) = \sum_{i \in R_u} \frac{\log_2 pop(i)}{|R_u|} \qquad (1-17)$$

$$\text{nov}(R_u) = 1 - \frac{|pop(i)|}{|U|} \qquad (1-18)$$

1.4.3.3 多样性

多样性通常可以被定义为相似度的反义词。在一些现实推荐场景中，用户希望系统能在保证准确度的同时为自己提供多样化的推荐。文献［62］针对 top-N 推荐问题进行了深入研究，并提出了项目多样性度量。文献［63］提出了一种度量列表内部相似度的方法，计算推荐列表中项目和之间的距离，该值越小表明列表里面的项目越相似。文献［64］等在此基础上提出用余弦相似度作为距离度量函数。

$$\mathrm{div}(R_u) = \sum_{i \in R_u} \sum_{j \in R_u, i \neq j} d(i, j) \qquad (1-19)$$

$$\mathrm{div}(R_u) = \sum_{i \in R_u} \sum_{j \in R_u, i \neq j} \mathrm{cossim}(i, j) \qquad (1-20)$$

1.4.3.4　惊喜度

文献［13］是最早提及惊喜度（serendipity）这一概念的作品之一，其认为惊喜度可用于描述用户对物品感到惊讶、有趣的心情。文献［65］则将惊喜推荐归结为是一种新颖的、未预料到的且有用的推荐。简言之，惊喜度是一个复杂的概念，尽管大多数研究者认为它代表有用性和惊异度，但是提出的度量方法是否有效的度量的惊喜度是未知的[14]。

1.5　本 章 小 结

本章核心提出了一种新的推荐模型下相似度计算方法，该方法能优化用户相似性，提升推荐效率。传统的协同过滤方法是基于相似度寻找目标用户最近邻并估计评分，但单一的相似度无法准确表达用户偏好，另外该类算法也容易遭遇冷启动问题，致使推荐结果出现偏差。针对以上问题，本书对相似度问题进行了深入探索，提出了一套完整的相似性研究流程，并融入社会化推荐框架观察所提出相似度优化方法的性能。核心贡献如下：

（1）用户评分相似度的感知研究。针对感知阶段非明确和多角度的特点，分析影响用户评分行为的三种因素，即用户共同评分项目数、用户评分绝对数值、用户评分范围偏好。在数据特征工程中采用三角模糊数描述评分，解决目前明确评分数值无法精准描述主观判断的模糊性问题，并提出基于模糊数的综合用户评分相似度。

（2）用户相似度的理解研究。在对挖掘用户评分行为影响因子的基础上进一步进行相似用户的召回工作。对用户评分模糊建模拟合相似性的同时结合属性数据和上下文数据，设计出一种非线性的混合相似度模型，解决稀疏性的同时也解决了目前使用深度学习带来可解释性不强的问题。并同时加入最相似和最不相似用户的信息，提升推荐精度。

（3）针对评价阶段单一性和偏差性的特点，设计了具有准确性与均衡性制约关系的系统评价指标，包括评分准确度 MSE 和排序准确度 NDCG、Precision、Recall。同时考虑推荐的多样性和新奇性对推荐性能进行综合评价，解决目前推荐系统评价指标无法完整地、公平地评价算法优劣的问题。

本章参考文献

[1] Ricci F, Rokach L, Shapira B. Introduction to recommender systems handbook ［M］//Recommender Systems Handbook. Springer, Boston, MA, 2011：1 – 35.

[2] Garcia-Molina H, Koutrika G, Parameswaran A. Information seeking：convergence of search, recommendations, and advertising ［J］. Communications of the Acm, 2011, 54（11）：121 – 130.

[3] Linden G, Smith B, York J. Amazon. com recommendations：Item-to-item collaborative filtering ［J］. IEEE Internet Computing, 2003, 7（1）：76 – 80.

[4] Cheng H T, Koc L, Harmsen J, et al. Wide & deep learning for recommender systems ［C］. Proceedings of the 1st Workshop on Deep Learning for Recommender Systems, 2016：7 – 10.

[5] Covington P, Adams J, Sargin E. Deep neural networks for youtube recommendations ［C］. Proceedings of the 10th ACM conference on recommender systems, 2016：191 – 198.

[6] Tang J, Hu X, Liu H. Social recommendation：A review ［J］. Social Network Analysis & Mining, 2013, 3（4）：1113 – 1133.

[7] Zhang S, Yao L, Sun A, et al. Deep learning based recommender system: A survey and new perspectives [J]. ACM Computing Surveys (CSUR), 2019, 52 (1): 1 – 38.

[8] Seyednezhad S M, Cozart K N, Bowllan J A, et al. A review on recommendation systems: Context-aware to social-based [J]. arXiv preprint arXiv: 1811. 11866, 2018: 8 – 43.

[9] Zaier Z, Godin R, Faucher L. Evaluating recommender systems [C]. Fourth International Conference on Automated Production of Cross Media Content for Multi-Channel Distribution (AXMEDIS'08). IEEE Computer Society, 2008: 326 – 344.

[10] Ge M, Delgado-Battenfeld C, Jannach D. Beyond accuracy: Evaluating recommender systems by coverage and serendipity [C]. ACM Conference on Recommender Systems. ACM, 2010: 257 – 260.

[11] Anderson C. The long tail: Why the future of business is selling less of more [M]. Hachette Books, 2006: 8 – 40.

[12] Karypis G. Evaluation of item-based top-n recommendation algorithms [C]. Proceedings of the tenth international conference on Information and knowledge management, 2001: 247 – 254.

[13] Herlocker J L, Konstan J A, Terveen L G, et al. Evaluating collaborative filtering recommender systems [J]. Acm Transactions on Information Systems, 2004, 22 (1): 5 – 53.

[14] Silveira T, Zhang M, Lin X, et al. How good your recommender system is? A survey on evaluations in recommendation [J]. International Journal of Machine Learning and Cybernetics, 2017: 813 – 831.

[15] Resnick P, Iacovou N, Suchak M, et al. GroupLens: An open architecture for collaborative filtering of netnews [C]. Proceedings of the 1994 ACM Conference on Computer Supported Cooperative Work, 1994: 175 – 186.

[16] Funk S. Netflix update: Try this at home [J/OL]. http: //sifter. org/ ~ simon/journal/20061211. html, 2006.

[17] Fan S, Zhu J, Han X, et al. Metapath-guided Heterogeneous Graph Neural Network for Intent Recommendation [C]. Proceedings of the 25th ACM SIGKDD International Conference on Knowledge Discovery & Data Mining, 2019: 2478 –2486.

[18] Yera R, Martinez L. Fuzzy tools in recommender systems: A survey [J]. International Journal of Computational Intelligence Systems, 2017, 10 (1): 776 –803.

[19] Yager R R. Fuzzy logic methods in recommender systems [J]. Fuzzy Sets and Systems, 2003, 136 (2): 133 –149.

[20] Bai T, Wang Y, Huang L, et al. A collaborative filtering algorithm based on citation information [C]//International Conference on Logistics Engineering, Management and Computer Science (LEMCS 2015). Atlantis Press, 2015: 952 –956.

[21] Jang J S R. ANFIS: adaptive-network-based fuzzy inference system [J]. IEEE Transactions on Systems, Man, and Cybernetics, 1993, 23 (3): 665 – 685.

[22] Leung C W, Chan S C, Chung F. A collaborative filtering framework based on fuzzy association rules and multiple-level similarity [J]. Knowledge and Information Systems, 2006, 10 (3): 357 –381.

[23] Wang W, Lu J, Zhang G. A new similarity measure-based collaborative filtering approach for recommender systems [M]//Foundations of Intelligent Systems. Springer, Berlin, Heidelberg, 2014: 443 –452.

[24] Menhaj M B, Jamalzehi S. Scalable user similarity estimation based on fuzzy proximity for enhancing accuracy of collaborative filtering recommendation [C]. 2016 4th International Conference on Control, Instrumentation, and Automation (ICCIA). IEEE, 2016: 220 –225.

[25] Wang R, Fu B, Fu G, et al. Deep & cross network for ad click predictions [M]. Proceedings of the ADKDD'17, 2017: 1 –7.

[26] Zhou G, Mou N, Fan Y, et al. Deep interest evolution network for

click-through rate prediction [C]. Proceedings of the AAAI Conference on Artificial Intelligence, 2019, 33: 5941 –5948.

[27] Guo H, Tang R, Ye Y, et al. DeepFM: A factorization-machine based neural network for CTR prediction [J]. arXiv preprint arXiv: 1703. 04247, 2017: 1725 –1731.

[28] Li P, Wang Z, Ren Z, et al. Neural rating regression with abstractive tips generation for recommendation [C]. Proceedings of the 40th International ACM SIGIR conference on Research and Development in Information Retrieval, 2017: 345 –354.

[29] Dacrema M F, Cremonesi P, Jannach D. Are we really making much progress? A worrying analysis of recent neural recommendation approaches [C]. Proceedings of the 13th ACM Conference on Recommender Systems, 2019: 101 – 109.

[30] Yang X, Steck H, Liu Y. Circle-based recommendation in online social networks [C]. Proceedings of the 18th ACM SIGKDD International Conference on Knowledge Discovery and Data Mining, 2012: 1267 –1275.

[31] Yang X, Guo Y, Liu Y, et al. A survey of collaborative filtering based social recommender systems [J]. Computer communications, 2014, 41: 1 –10.

[32] Cena F, Console L, Gena C, et al. Integrating heterogeneous adaptation techniques to build a flexible and usable mobile tourist guide [J]. AI Communications, 2006, 19 (4): 369 –384.

[33] Adomavicius G, Tuzhilin A. Context-aware recommender systems [M]//Recommender systems handbook. Springer, Boston, MA, 2011: 217 – 253.

[34] Zhou D, Ma J, Turban E. Journal quality assessment: An integrated subjective and objective approach [J]. IEEE Transactions on Engineering Management, 2001, 48 (4): 479 –490.

[35] Adomavicius, G, Tuzhilin, A. Toward the next generation of recommender systems: A survey of the state-of-the-art and possible extensions [J]. IEEE

Transactions on Knowledge & Data Engineering, 2005, 17 (6): 734 – 749.

[36] 项亮. 推荐系统实践 [M]. 北京: 人民邮电出版社, 2012: 1 – 55.

[37] 项亮. 动态推荐系统关键技术研究 [D]. 北京: 中国科学院自动化研究所, 中国科学院研究生院, 2011: 1 – 46.

[38] Xu J, He X, Li H. Deep learning for matching in search and recommendation [C]. The 41st International ACM SIGIR Conference on Research & Development in Information Retrieval, 2018: 1365 – 1368.

[39] Deng Z H, Huang L, Wang C D, et al. Deepcf: A unified framework of representation learning and matching function learning in recommender system [C]. Proceedings of the AAAI Conference on Artificial Intelligence, 2019, 33: 61 – 68.

[40] Schafer J B, Frankowski D, Herlocker J, et al. Collaborative filtering recommender systems [M]//The Adaptive Web. Springer, Berlin, Heidelberg, 2007: 291 – 324.

[41] Koren Y, Bell R, Volinsky C. Matrix factorization techniques for recommender systems [J]. Computer, 2009, 42 (8): 30 – 37.

[42] Koren Y. Factorization meets the neighborhood: a multifaceted collaborative filtering model [C]. Proceedings of the 14th ACM SIGKDD International Conference on Knowledge Discovery and Data Mining, 2008: 426 – 434.

[43] Shi Y, Larson M, Hanjalic A. Collaborative filtering beyond the user-item matrix: A survey of the state of the art and future challenges [J]. ACM Computing Surveys (CSUR), 2014, 47 (1): 1 – 45.

[44] Singhal A. Modern information retrieval: A brief overview [J]. IEEE Data Eng. Bull. , 2001, 24 (4): 35 – 43.

[45] Aciar S, Zhang D, Simoff S, et al. Informed Recommender: Basing Recommendations on Consumer Product Reviews [J]. IEEE Intelligent Systems, 2007, 22 (3): 39 – 47.

[46] Shi Y, Larson M, Hanjalic A. Exploiting user similarity based on rated-item pools for improved user-based collaborative filtering [C]. In Proceedings of

the 3rd ACM Conference on Recommender Systems (RecSys'09). ACM, New York, NY, 2009: 125 –132.

[47] Deshpande M, Karypis G. Item-based top-N recommendation algorithms [J]. Acm Trans. inf. syst, 2004, 22 (1): 143 –177.

[48] Sarwar B, Karypis G, Konstan J, Reidl J. Item-based collaborative filtering recommendation algorithm [C]. In Proceedings of the 10th International Conference on World Wide Web (WWW'01). ACM, New York, NY, 2001, 285 – 295.

[49] Ahn H J. A new similarity measure for collaborative filtering to alleviate the new user cold-starting problem [J]. Information Sciences, 2008, 178 (1): 37 –51.

[50] Burke R. Hybrid web recommender systems [M]//The Adaptive Web. Springer, Berlin, Heidelberg, 2007: 377 –408.

[51] Akhil P V, Joseph S. A survey of recommender system types and classifications [J]. International Journal of Advanced Research in Computer Science, 2017, 8 (9): 486 –491.

[52] Park Y J, Tuzhilin A. The long tail of recommender systems and how to leverage it [C]. Proceedings of the 2009 ACM Conference on Recommender Systems, 2008: 11 –18.

[53] Park S T, Chu W. Pairwise preference regression for cold-start recommendation [C]. Proceedings of the third ACM conference on Recommender systems, 2009: 21 –28.

[54] Rashid A M, Karypis G, Riedl J. Learning preferences of new users in recommender systems: An information theoretic approach [J]. ACM SIGKDD Explorations Newsletter, 2008, 10 (2): 90 –100.

[55] Hofmann T. Latent semantic models for collaborative filtering [J]. Acm Transactions on Information Systems, 2004, 22 (1): 89 –115.

[56] Jin R, Si L, Zhai C. A study of mixture models for collaborative filtering [J]. Information Retrieval, 2006, 9 (3): 357 –382.

[57] Kleinberg J, Sandler M. Using mixture models for collaborative filtering [J]. Journal of Computer and System Sciences, 2008, 74 (1): 49 – 69.

[58] Rendle S. Factorization machines [C]. 2010 IEEE International Conference on Data Mining. IEEE, 2010: 995 – 1000.

[59] Xue H J, Dai X, Zhang J, et al. Deep matrix factorization models for recommender systems [C]. IJCAI, 2017: 3203 – 3209.

[60] Li S, Kawale J, Fu Y. Deep collaborative filtering via marginalized denoising auto-encoder [C]. Proceedings of the 24th ACM International on Conference on Information and Knowledge Management, 2015: 811 – 820.

[61] He X, Liao L, Zhang H, et al. Neural collaborative filtering [C]. Proceedings of the 26th International Conference on World Wide Web, 2017: 173 – 182.

[62] Zhang M, Hurley N. Statistical modeling of diversity in top-n recommender systems [C]. 2009 IEEE/WIC/ACM International Joint Conference on Web Intelligence and Intelligent Agent Technology. IEEE, 2009, 1: 490 – 497.

[63] Ziegler C N, McNee S M, Konstan J A, et al. Improving recommendation lists through topic diversification [C]. Proceedings of the 14th international conference on World Wide Web, 2005: 22 – 32.

[64] Zhang Y C, Séaghdha D Ó, Quercia D, et al. Auralist: introducing serendipity into music recommendation [C]. Proceedings of the Fifth ACM International Conference on Web Search and Data Mining, 2012: 13 – 22.

[65] Adamopoulos P, Tuzhilin A. On unexpectedness in recommender systems: Or how to better expect the unexpected [J]. ACM Transactions on Intelligent Systems and Technology (TIST), 2014, 5 (4): 1 – 32.

|第2章|

推荐模型的相似度优化

2.1 引　言

　　本章围绕人类对相似性概念的主观认知，展开了对于客观相似度感知、理解、评价的相似度优化算法。本章中将会介绍到使用的推荐模型，即以矩阵分解为基础的社交化推荐模型。通过观察本章设计的带有"多层模糊感知相似度"（multilayer fuzzy perception similarity，MFPS）在推荐模型中的表现，体现 MFPS 框架对相似度优化的特点。

　　矩阵分解作为一种常用的协同过滤推荐算法，思想简单、操作容易、可解释性高，目前仍然很多主流的优秀算法都以此为基础进行研究拓展。但是由于海量数据的持续增加，难免会出现用户 – 项目交互矩阵过于稀疏，冷启动现象频繁发生的情况。而引入丰富的边信息资源是很好地解决此类问题的一种方法。本章选择利用社交信息中关于"边信息"（side information）资源进行社会化推荐，主要出于两方面因素考虑。一方面，数据量大。互联网时代社交网站的风靡有助于获取海量高效的社交资源信息，将其与用户－项目交互信息结合使用能有效缓解数据稀疏问题[1][2]。另一方面，都利用了集体智慧思想。矩阵分解是一种典型的利用集体智慧的技术，即根据不同群组的知识或技能为目标对象生成推荐，而社交网络也会根据用户兴趣不同而对用户有相关分组设置，具体表现在 Facebook 追踪设置、信任或不信任设置等[3][4]，也是一种集体智慧的表现，因此可以合理地将二者相结合，且可解释性好。

2.2　矩阵分解的探索研究

2.2.1　矩阵分解研究意义

矩阵分解是一种典型的协同过滤推荐模型，在推荐领域的研究当中享有非常重要的地位。矩阵分解推荐模型更是在享誉盛名的奈飞（Netflix）推荐比赛当中一举成名。由于矩阵分解具有协同过滤的集体智慧技术，且巧妙利用了隐语义的深层关系，易于实现和拓展，因此它也成了当今学术研究和工业应用中极为普遍和常用的推荐方法。

2.2.2　矩阵分解基本思路

传统的奇异值分解（single value decomposition，SVD）技术是用三个低秩的矩阵的乘积去逼近原来的大型矩阵，公式化如下：

$$R_{m \times n} = U_{m \times k} \Sigma_{k \times k} V_{k \times n}^{T} \qquad (2-1)$$

其中，$R_{m \times n}$ 表示用户－项目评分矩阵，$U_{m \times k}$ 表示用户隐特征矩阵，$\Sigma_{k \times k}$ 表示

奇异值矩阵且是对角矩阵，对角线上的元素非负且逐渐减小，因此可以只用前 k 个因子来描述它，而 $V_{k \times n}$ 代表项目隐特征矩阵。

但运用 SVD 分解必须要求矩阵是稠密的，而在推荐场景中，用户数和项目的量级通常是巨大的，因此此时的矩阵会异常稀疏，做 SVD 分解会导致计算量大且耗时长久。

文献［5］利用 SVD 的分解理念，并针对 SVD 的不足加以改进，提出了一种新的矩阵分解方法 Funk-SVD，也就是推荐里面常用的矩阵分解（matrix factorization）[6]。它是基于这样的假设：用隐向量表示用户或项目的某些特征，它们的乘积关系就成为原始的元素。这些隐变量表现在用户身上可以理解为偏好特征，表现在项目身上可以理解为属性特征，并不具有实际的意义。因此可以将用户 – 项目评分矩阵分解为两个低维矩阵：用户隐矩阵和项目隐矩阵，然后通过重构低维矩阵，由低维矩阵的乘积去填充原始矩阵中的空白项。

2.2.3 矩阵分解模型

假设存在 m 个用户，n 个项目，以及一个 $m \times n$ 的用户 – 项目交互矩阵 R，R 中的值代表具体的评分数值。矩阵分解的思想是 R 可以先分解为两个低秩的矩阵 U 和 V，再用二者的乘积去逼近 R，公式化如下：

$$R \approx U^T V \tag{2-2}$$

其中，$U \in \mathbb{R}^{k \times m}$，$V \in \mathbb{R}^{k \times n}$ 且 $k \ll \min(m, n)$。列向量 U_i 和 V_j 分别代表用户和项目隐向量。

为学习隐向量，采用线性回归的思想，最小化原始评分和预测评分之间的平方误差，得到目标函数如下：

$$L(U, V) = \min_{U, V} \sum_{(i, j) \in K} (R_{ij} - U_i^T V_j)^2 + \lambda (\| U_i \|_F^2 + \| V_j \|_F^2) \tag{2-3}$$

其中，K 是评分已知的 (i, j) 对，为防止过拟合因此添加了正则化项，λ 为正则化因子，$\| \cdot \|_F^2$ 代表矩阵范数。

寻找目标函数局部极小值可以有多种优化方法，如梯度下降法、ALS 等，与梯度下降相比，ALS 方法有利于分布式扩展，提升计算效率，但作为一种离线方法，ALS 无法精确地进行实时性推荐，而且也存在冷启动问题[7]。本章采用的是随机梯度下降（stochastic gradient descent，SGD）[8]，因为 SGD 优化方法简单且计算精度较好。因此利用 SGD 得到隐向量 U_i 和 V_j 的更新规则如下：

$$\frac{\partial L}{\partial U_i} = \sum_{j=1}^{n} 2(U_i^T V_j - R_{ij})V_j + 2\lambda U_i \qquad (2-4)$$

$$\frac{\partial L}{\partial V_j} = \sum_{i=1}^{m} 2(U_i^T V_j - R_{ij})U_i + 2\lambda V_j \qquad (2-5)$$

基于 SGD 的推荐算法可以根据推荐场景的不同，对模型进行合理的调整，操作简便，可扩展性好。

2.3　社会化推荐介绍

2.3.1　社会化推荐研究意义

注意到传统的矩阵分解方法当中只用到了用户和项目之间的交互数据，但当这个交互矩阵很大时，推荐效率会由于冷启动以及稀疏问题而受到影响。对于冷启动问题，因为缺少刚注册用户的记录或信息，或者系统新引入的项目没有评分历史，推荐系统无法确定新用户或是新项目相似近邻，也就无法提供个性化推荐。如果评分数据特别稀疏，协同过滤算法也无法获得用户或项目间的准确相似度，推荐效果也大打折扣[1]。

因此可以从两方面来改进模型，即数据方面和模型方面。就数据方面来看，海量的数据资源，例如，偏差信息、隐反馈数据或是社交信息等都有利于更好地塑造隐特征向量；至于模型方面，可以对用户的评分预测进行改进，也可以直接对目标函数进行改进。本章则是添加了社交信息并对目标函数直接改进的社交正则化矩阵分解模型。

2.3.2 从矩阵分解到社交化推荐

传统的矩阵分解推荐算法由于数据源和模型的限制具有一定的局限性，而选择社交化推荐主要是基于以下三方面的考量：

（1）社交数据源丰富。这种丰富不仅体现在数据量上，更体现在数据的表现形式上。显式的社交信息，例如，Epinion 中的信任信息其实并不多见，真正丰富多样、值得挖掘的应该是隐式的社交信息。例如，用户间的信任关系也可以由用户间的相似度模型所呈现出来。因为如果用户 a 信任用户 b，用户 a 会同意用户 b 的大多数意见，这也是一种相似度高的表现；同样地，若是用户 a 不信任用户 b，他们之间的不信任关系也能够借助不相似模型描述。因此，在没有明确的用户社会信息的情况下，使用隐含的用户社会信息（以相似度的形式）也可以提高矩阵分解框架下的推荐质量。

（2）社交模型能解决信任感知的推荐问题。在现实的电影、音乐、书籍等推荐场景中，用户常会向自己的好友寻求有价值的建议，这往往体现了一种品位的相似性。用户品位越相似，其对应特征向量应该越相近，反之亦然。故而，利用社会正则化条件约束矩阵分解目标函数可以体现这种信任传递机制。

（3）利用优化的相似性方法提升推荐效果。从前文分析来看，相似性是体现用户间社交关系的一个很重要的度量，它对于区分不同用户的口味起着关键性的作用。如果能结合更多的用户信息，例如，用户画像、历史标签等信息，就可以对用户相似程度进行更加明确的分类。所以，可以设计一个更加全面精准的相似性计算方法，实现个性化推荐。

2.3.3 社交正则化矩阵分解模型

社交数据是一种丰富合适的边信息数据资源。海量的线上社交联系不仅帮助个体更方便地分享创意想法，还能作为一种额外信息资源用以改进基于评分的简单推荐算法。此外，线上用户是有内在联系的。用户个体几乎不会独立作选择，通常都会在决定前向朋友们寻求建议。比起随机选择的用户品位，目标用户的兴趣爱好更可能与其好友爱好相似。因此有助于找到相似用户提高推荐效率。

文献［9］［10］提出了一个一般性的社交化推荐框架，即直接向目标函数中添加社交正则化因子。模型所表现出来的思想是相似的用户有着相似的品位，相应地，他们的隐向量也应该更接近[11]；用户越不相似，他们的特征向量也应该越远。模型的目标函数如下：

$$Ls = \min_{U,V} \frac{1}{2} \sum_{i=1}^{m} \sum_{j=1}^{n} I_{ij} (R_{ij} - U_i^T V_j)^2$$

$$+ \frac{\alpha}{2} \sum_{i=1}^{m} \sum_{f \in F^+(i)} s_{if} \|U_i - U_f\|_F^2$$

$$+ \frac{\lambda_1}{2} \|U\|_F^2 + \frac{\lambda_2}{2} \|V\|_F^2 \qquad (2-6)$$

其中，I_{ij}为指示函数，当用户 i 和项目 j 之间有交互时值是 1，否则等于 0。α、λ_1、λ_2 为正则化参数，$F^+(i)$ 表示用户的近邻好友。公式（2-6）在公式（2-3）的基础上加入了包含隐反馈信息的指示函数，又添加了近邻好友信息，借助度量用户好友之间的距离的手段寻找目标用户的近邻集合，s_{if}代表用户 i 和用户 f 之间相似度，文中选用的是皮尔森相似度（PCC）[43]：

$$s_{if} = \frac{\sum_{j \in I(i) \cap I(f)} (R_{ij} - \overline{R}_i) \times (R_{fj} - \overline{R}_f)}{\sqrt{\sum_{j \in I(i) \cap I(f)} (R_{ij} - \overline{R}_i)^2} \times \sqrt{\sum_{j \in I(i) \cap I(f)} (R_{fj} - \overline{R}_f)^2}} \qquad (2-7)$$

其中，$I(i)$ 和 $I(f)$ 分别表示用户 i 和用户 f 评价过的项目集合，$I(i) \cap I(f)$ 表示两个用户同时拥有过评价的项目集合，$\overline{R}_i$ 和 $\overline{R}_f$ 分别表示用户 i 和用户 f 对项目的平均评分。

另外文献［12］还加入了最不相似用户，提升了社会化正则项增强模型的能力。若有用户 i 不相似于用户 f，用公式表达就是两个用户相距更远，换句话说，就是最大化两个用户特征向量的距离。因此只需要转换相似度 $s_{if} = -s_{if}$，就能实现这个性质。

在此方法中，除了 top-N 个相似用户，还包括 top-N 个最不相似用户，但这并不会改变上述目标函数，它只会增加社交近邻数，对于不相似用户也只是改变了相似度的符号。

同样地采用 SGD 算法来优化上述目标函数，根据公式（2-4）和公式（2-5）的基础，得到隐变量 U_i 和 V_j 的更新规则如下：

$$\frac{\partial Ls}{\partial U_i} = \sum_{j=1}^{n} I_{ij}(U_i^T V_j - R_{ij})V_j + \lambda_1 U_i$$

$$+ \alpha \sum_{f \in F^+(i)} s_{if}(u_i - u_f)$$

$$+ \alpha \sum_{g \in F^-(i)} s_{if}(u_i - u_g) \qquad (2-8)$$

$$\frac{\partial Ls}{\partial V_j} = \sum_{i=1}^{m} I_{ij}(U_i^T V_j - R_{ij})U_i + \lambda_2 V_j \qquad (2-9)$$

其中，$F^+(i)$ 以及 $F^-(i)$ 都代表用户 i 的好友圈，当用户 i 认定用户 f 是好友时，用户 f 也认定用户 i 为自己的好友，这种设定下 $F^+(i)$ 和 $F^-(i)$ 是相等的；但当用户 i 信任好友用户 f 无法说明用户 f 也信任用户 i 时，这种设定下 $F^+(i)$ 和 $F^-(i)$ 是不相等的[70]，而本章框架采用前种假定，算法如下：

算法 2-1　基于矩阵分解的社会化推荐方法

1. 输入：$m \times n$ 的评分矩阵 R，行数为用户数，列数为项目数；隐因子数 k；学习率 γ_1，γ_2；正则化参数 λ_1，λ_2；最大迭代次数 T；
2. 数据：评分矩阵；
3. 初始化用户特征矩阵 U 和项目特征矩阵 V；
4. for $item = 1, 2, \cdots, T$ do：
5. 　　for $i = 1, \cdots, m$：
6. 　　　　for $j = 1, \cdots, n$：
7. 　　　　　　r_{ij} 为矩阵 R 第 i 行第 j 列的元素；
8. 　　　　　　pred $= u_i^T v_j$；
9. 　　　　　　$\Delta_{ij} = r_{ij} - u_i^T v_j$；
10. 　　　　　s_{ij} 为用户 i 和用户 j 之间的相似度；
11. 　　　　　计算用户相似度矩阵并得出近邻好友集合；
12. 　　　　　根据以下更新规则更新用户/项目隐向量：
13. 　　　　　　$u_i \leftarrow u_i + \gamma_1(\Delta_{ij}v_j - \alpha \sum_{f \in F^+(i)} s_{if}(u_i - u_f) - \alpha \sum_{g \in F^-(i)} s_{ig}(u_i - u_g) - \lambda_1 u_i)$
14. 　　　　　　$v_j \leftarrow v_j + \gamma_2(\Delta_{ij}u_i - \lambda_2 v_j)$
15. 　　　end for；
16. 　　end for；
17. end for；
18. return u_i，v_j，MSE$(r_{ij}, u_i^T v_j)$。

2.4　本　章　小　结

　　本章介绍了协同过滤推荐中最常使用的矩阵分解模型，针对矩阵分解有可能受矩阵稀疏、冷启动影响的问题，提出使用社交化信息，在原始矩阵分解模型中添加社交正则化，并分析了原因。

　　然而，协同过滤的核心是找与目标对象尽可能相似的用户或项目，文献[10][11][12]等所使用的诸如皮尔森等相似度在某些情况下显得过于简单且片面。为了进一步提升社会化推荐效率，本章提出了一个综合的相似度优化框架——MFPS 模型，且将在下面的章节中介绍如何对相似度进行优化。

本章参考文献

　　[1] King I, Lyu M R, Ma H. Introduction to social recommendation [C]. Proceedings of the 19th International Conference on World Wide Web, WWW 2010, Raleigh, North Carolina, USA, April 26 – 30, 2010. DBLP, 2010: 1355 – 1356.

　　[2] Guy I, Carmel D. Social recommender systems [C]. International Conference Companion on World Wide Web. ACM, 2011: 283 – 284.

　　[3] Yang X, Guo Y, Liu Y, et al. A survey of collaborative filtering based social recommender systems [J]. Computer Communications, 2014, 41: 1 – 10.

　　[4] Cena F, Console L, Gena C, et al. Integrating heterogeneous adaptation techniques to build a flexible and usable mobile tourist guide [J]. AI Communications, 2006, 19 (4): 369 – 384.

　　[5] Yang X, Guo Y, Liu Y, et al. A survey of collaborative filtering based social recommender systems [J]. Computer Communications, 2014, 41: 1 – 10.

　　[6] Cena F, Console L, Gena C, et al. Integrating heterogeneous adaptation techniques to build a flexible and usable mobile tourist guide [J]. AI Communica-

tions, 2006, 19 (4): 369 – 384.

[7] Dakhel A M, Malazi H T, Mahdavi M. A social recommender system using item asymmetric correlation [J]. Applied Intelligence, 2018, 48 (3): 527 – 540.

[8] Funk S. Netflix update: Try this at home [J]. http: //sifter. org/ ~ simon/journal/20061211. html, 2006.

[9] Ma H. An experimental study on implicit social recommendation [C]. Proceedings of the 36th International ACM SIGIR Conference on Research and Development in Information Retrieval, 2013: 73 – 82.

[10] Ma H, Zhou D, Liu C, et al. Recommender systems with social regularization [C]. Proceedings of the Forth International Conference on Web Search and Web Data Mining, WSDM 2011, Hong Kong, China, DBLP, 2011: 287 – 296.

[11] Ma H, Yang H, Lyu M R, et al. SoRec: Social recommendation using probabilistic matrix factorization [C]. Proceedings of the 17th ACM Conference on Information and Knowledge Management, CIKM 2008, Napa Valley, California, USA, ACM, 2008: 931 – 940.

[12] Ma H, King I, Lyu M R. Learning to Recommend with Social Trust Ensemble [C]. International Acm Sigir Conference on Research & Development in Information Retrieval, ACM, 2009: 203 – 210.

| 第3章 |

挖掘用户评分行为影响因素

3.1 引　　言

在上一章中总结了基于矩阵分解的社交推荐的优化模型。如果需要进一步提升社交推荐模型性能，模型中可以优化的环节很多，但是改进函数中用户间的相似性度量方法，是提高推荐性能的关键所在。

推荐算法中一般使用的相似度大多基于"客观"相似度，它反映了计算对象的各个特征分量之间的某种函数关系，例如，常用的余弦相似度衡量的就是对象彼此在空间上的方向差异。而人类对于相似度的认知是很难用简单的函数关系去表示的。这种主观相似度体现的是人对计算对象的一种主观认知，会受到人的行为、环境等多个因素的影响，且行为决策带有一定的模糊性。为尽可能贴近人类的思考模式，本章从分析用户主观认知出发，模拟同主观感受尽可能一致的客观相似度组合模型。本章设计的模型框架如图 3-1 所示。

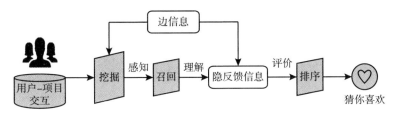

图 3-1 基于用户相似度感知、理解、评价的推荐框架

本框架主要是基于用户相似度逐步优化提升的。首先，挖掘影响用户评分行为的因素。这一步是对用户数据进行合理的特征工程，实现用户主客观评分的模糊建模。其次，在召回阶段，结合用户属性数据、项目属性数据、上下文数据等边信息全面理解，形成一种多层次的非线性相似度，提升推荐精度的同时保证了多层架构的可解释性，另外优化的相似度作为一种隐反馈信息被加入推荐模型中。最后，本章提出了一套完整、公平的评价体系去评估算法性能。

本章主要针对用户行为展开相似度的感知研究。现实生活中，主观感知一般意味着多角度、全方位考察对象，如果考察标准过于单一片面就会造成某些情况下效果很好而某些情况下错得离谱的尴尬境地，因此以多层次、多角度去感知相似度有助于避免此类问题的发生。此外，人类在抒发情感或行为决策中都带有不确定性，例如，某电影评论"我不是很喜欢这部电影"，此时简单的"喜欢"或"不喜欢"的明确表述是无法准确描述用户情感偏好的，面对此类问题，我们借助了模糊数的手段去表述人类语言或行为中的模糊意义。

3.2 相似度的探索研究

对于基于协同过滤的方法而言，决定推荐效率的关键因素之一是量化用户之间的相似度，这通常也被看作是推荐过程中对象特征与用户偏好之间的匹配关系的转换[1][5][6]。

文献［1］提出的 NHSM 算法被业界认为是一种极具代表性的用户相似度计算方法。它出于以下三方面的动机进行相似度模型的设计：第一，相似度度量既要考虑评分的绝对数值又要考虑共同评价数目的比重；第二，相似度度量不仅由局部环境所决定，还应体现用户的全局偏好；第三，相似度度量应该规范化，而且应容易拓展。

以 NHSM 模型计算相似度为例，其选择了五个影响因子：亲密度、重要性、相异性、Jaccard′因子和用户评分偏好。其中 NHSM 算法中的 Jaccard′算法，它是将原有 Jaccard 中两个项目集合的并集换成了两个项目集合数相乘，如果共同交互的商品数很少的话，相似性越低，也暗示了两个用户品位不一致的情况。

（1）亲密度 $\mathrm{pro}(r_{ui}, r_{vi}) = \left[1 - \dfrac{1}{1 + \exp(-|r_{ui} - r_{vi}|)} \right]$ 体现了用户评分的差异性对用户相似性的影响。

（2）重要性 $\mathrm{sig}(r_{ui}, r_{vi}) = \left[\dfrac{1}{1 + \exp(-|r_{ui} - r_{med}| \times |r_{vi} - r_{med}|)} \right]$ 描述用户评分与评分中值之间的差异，评分中值指的是评分范围的中间值，重要性体现的是用户对项目感兴趣还是不感兴趣的区别。

（3）相异性 $\mathrm{sin}(r_{ui}, r_{vi}) = \left[1 - \dfrac{1}{1 + \exp\left(-\left|\dfrac{r_{ui} + r_{vi}}{2} - \mu_i\right|\right)} \right]$ 体现用户之间对同一个项目的评价平均值与该项目的全局评分均值的差异。

（4）Jaccard′因子 $\mathrm{jacc'\_sim}(u, v) = \dfrac{|I_u \cap I_v|}{|I_u| \times |I_v|}$ 体现的是用户都评价过的项目数对相似性的影响。

（5）用户评分偏好 $\mathrm{urp\_sim}(u, v) = 1 - \dfrac{1}{1 + \exp(-|\bar{r}_u - \bar{r}_v| \times |\sigma_u - \sigma_v|)}$ 描述两个用户的评价均值和标准差值的差异的共同作用对二者相似性的影响。

以上公式中，$\bar{r}_u$ 代表用户 u 对项目 i 的评分，r_{med} 代表评分范围的中值，

$\bar{r}_u$ 记录了用户 u 的平均评分，μ_i 代表项目 i 的平均评分，I_u 代表被 u 评价过的项目集，σ_u 为用户 u 的评价均方差，$\sigma_u = \sqrt{\sum_{i \in I_u} (r_{ui} - \bar{r}_u)^2 / |I_u|}$。

NHSM[1]相似度算法对于用户评分行为进行了一个细粒度的划分，从多方面描述了用户评分对相似度的影响。亲密性是从数值方面表现两个人之间的相似度；重要性是从数值上与评分中值对比，差距越大认为越重要，事实上差距越大越能体现用户是喜欢还是不喜欢的态度；相异性是从数值方面体现用户之间评分差异，与亲密性相比体现了一种全局的思想，但其实可以考虑用户的其他特征，来弥补只考虑评分行为而导致的局限性；Jaccard′因子在体现用户共同评价影响的基础上加大了对共同评价项少的惩罚，意味着共同评价项越多，两人越相似，而评分项越少，用户越不相似；用户评分偏好则是将用户评分行为规范化，与自己的评分均值比较，体现是否喜欢这一因素。

实施后我们发现有以下待解决问题，NHSM 划分粒度过细，模型计算十分复杂，且每个计算环节都会带来误差，多个误差的相互叠加会增大偏离实际值的可能性，例如，重要性和用户评分偏好其实都是体现的用户是否真正喜欢项目的相似性度量，亲密性和相异性都用数值体现了用户评分差异，区别在于一个是局部的，一个是全局考虑的。此外，注意到用户评分影响因素 URP 值是没有进行归一化处理的，同一用户的 URP 值不为 1，与正常理解的相似度概念是不符的。

因此本章结合已有工作，对影响用户评分的因素进行再归纳总结，并选取每种因素中最具代表性的相似度因素合理地进行组合得到综合全面的用户相似度。

3.3 影响用户行为的相似度因素

从上文对典型相似度 NHSM 的探索来看，分析的五个相似度因子存在效用重复的情况，但核心是围绕三个方面展开的：考虑用户对项目的共同评分数、考虑用户评分的绝对数值和考虑用户的不同评分习惯。下文首先介绍影响用户评分行为的三个因素。

3.3.1　考虑用户对物品的共同评分数

考虑用户对物品的共同评分数算法只考虑用户间评价过的数目，而不关注用户给出的评价高低，即用户间有着共同评价的项目越多，认为他们越相似。

典型的相似度方法有经典的 Jaccard 相似度算法[10]。或是很多在 Jaccard 相似度算法上的改进算法。文献［12］提出了一种结合 Jaccard 和 MSD[11] 的 JMSD 相似度方法，其中 Jaccard 捕获共同评分项目数的比例，MSD 捕获评分信息。随后，又提出了另一种相似度方法 MJD[13]，结合六种相似度方法获得一种全局相似度方法，每个相似度的权重是通过神经网络训练获得的。然而这两种方法对稀疏数据作用不大，包括 NHSM 算法中的 Jaccard′算法[14]。

考虑用户的共同评分数可以帮助找到与目标用户偏好相似的近邻用户集合，根据好友集的历史项目交互，也能为用户生成有用的推荐。但这类算法的缺点也很明显，一方面，在现实推荐场景中，由于评分矩阵过于稀疏，用户之间没有共同评分项或很少有共同评分项的场景是很常见的；另一方面，当评分数据密集时可能会出现大量用户相似的情况，从而无法很好地对用户进行区分。例如，分析某家餐馆一天的营业情况，由于菜品数目有限，会出现很多用户品尝过同一类菜品或者某类菜品同时没有被选中的情况，仅考虑共同评分数很容易出现误判用户相像的状况。

3.3.2　考虑用户评分的绝对数值

考虑用户评分的绝对数值算法更关注用户的评分数值，根据评价数值计算出的相似度值越高，认为彼此越相似，并不考虑用户评价过的项目是否存在交集的影响。

传统的推荐算法在计算相似度时大多使用的是这类方法。这类的代表性算法诸如皮尔森相似度[3]、余弦相似度[2][4]、MSD 相似度[7]等。

PCC 相似度是在有共同评分的项目或用户上定义的。该方法是发现两个评分向量间的线性相关关系，PCC 的值在 −1 ~ 1 之间，−1 代表完全负相关，1 代表完全正相关，0 代表不相关。加权皮尔森相似度（WPCC）[7] 基于 PCC 而得，在实验中阈值通常设定为 50。限制皮尔森相关系数（CPCC）[8] 中用评分中值代替平均评分，例如，评分范围 [1，5] 的中值即为 3。PCC 还有另一种变形是基于 S 形（sigmoid）函数的皮尔森相关系数（SPCC）[78]。

余弦相似度计算两个评分向量（用户或项目）间的角度来衡量两个向量的关联度，它的缺点在于将无偏好项当成是负向偏好。然而，余弦相似度并未考虑用户评价的偏向性，换句话说，有些人倾向于高评价，有些人倾向于低评价[15]。修正的余弦相似度是借助减去平均评分的手段消除了此影响[4]。不同于皮尔森系数，修正的余弦相似度是减去单一用户评价过的全部商品的平均评分，而皮尔森系数减去的是用户之间有共同评价的商品的评分均值[14]。

用户评分的绝对数值是最能体现用户品位的一种方式，用户相对评分偏高证明对商品更喜爱，可以通过继续挖掘商品属性，找到类似的商品介绍给用户，或者找到相似用户为其推荐此类商品。但这类算法忽略了相似度的可信度，另外这类算法会出现即使用户相似但相似度低或者即使用户不相似但相似度高的误判情况。例如，如果两个用户给出的评分向量分别为（1，1，1，1，1）和（5，5，5，5，5），得出来的余弦相似度为 1，不过直观能看出这两个用户是不相似的。

3.3.3 考虑用户的不同评分习惯

考虑用户的不同评分习惯方法考虑了部分用户偏爱打高分，部分用户即使很喜欢也反而打分低的评分习惯，例如，修正的余弦相似度，它通过减去客户的评价均值，消除了余弦相似度未顾及评分结构的影响。其他典型的算法如 URP 相似度则是采用用户评分的均值和方差来体现这一评价偏好行为[1][14]。

3.3.4 小结

各种相似度特点如表 3-1 所示。

表 3-1   **各种相似度的特点介绍**

相似度方法	公式	主要特点
余弦相似度 （COS）[35]	$cos\_sim(u,v) = \dfrac{\vec{r}_u \times \vec{r}_v}{\|\vec{r}_u\| \times \|\vec{r}_v\|}$ ×表示两个向量点积；$\vec{r}_u$ 和 $\vec{r}_v$ 分别表示用户 u 和用户 v 的评分向量	评分相差大时也会获得高相似度；未考虑共同评分的问题
修正余弦相似度 （ACOS）[49]	$acos\_sim(u,v) = \dfrac{\sum\limits_{i \in I}(r_{ui} - \bar{r}_u)(r_{vi} - \bar{r}_v)}{\sqrt{\sum\limits_{i \in I}(r_{ui} - \bar{r}_u)^2}\sqrt{\sum\limits_{i \in I}(r_{vi} - \bar{r}_v)^2}}$ $\bar{r}_u$ 和 $\bar{r}_v$ 分别表示用户 u 和用户 v 对所有项目的平均评分；r_{ui} 和 r_{vi} 分别表示用户 u 和用户 v 对项目 i 的评分；I 表示所有项目集（下同）	评分类似也会得到低相似度；共同评分项较少时不可靠
皮尔森相关系数 （PCC）[43]	$pcc\_sim(u,v) = \dfrac{\sum\limits_{i \in I'}(r_{ui} - \bar{r}_{ul'})(r_{vi} - \bar{r}_{vl'})}{\sqrt{\sum\limits_{i \in I'}(r_{ui} - \bar{r}_{ul'})^2}\sqrt{\sum\limits_{i \in I'}(r_{vi} - \bar{r}_{vl'})^2}}$ I' 表示用户间有共同评价记录的项目集；$\bar{r}_{ul'}$ 和 $\bar{r}_{vl'}$ 分别表示用户 u 和用户 v 对 I' 中元素的评分（下同）	评分相似时也可能得到低相似值；共同评分项较少时结果不可靠
限制 PCC （CPCC）[77]	$cpcc\_sim(u,v) = \dfrac{\sum\limits_{i \in I'}(r_{ui} - r_{med})(r_{vi} - r_{med})}{\sqrt{\sum\limits_{i \in I'}(r_{ui} - r_{med})^2}\sqrt{\sum\limits_{i \in I'}(r_{vi} - r_{med})^2}}$ r_{med} 表示评分范围中值（下同）	共同评分项较少时结果不可靠
Jaccard 相似度[79]	$jaccard\_sim(u,v) = \dfrac{\|I_u \cap I_v\|}{\|I_u \cup I_v\|}$ I_u 和 I_v 用于描述用户 u 和用户 v 评价过的项目集（下同）	没有考虑评分绝对值
MSD 相似度[80]	$MSD\_sim(u,v) = \dfrac{L - \sum\limits_{i \in I'}(r_{ui} - r_{vi})^2}{L}$ L 为阈值	遗漏了共同评分的比例，可能促使准确率低

续表

相似度方法	公式	主要特点
PIP 相似度[49]	$PIP\_sim(u, v) = \sum_{i \in I'} PIP(r_{ui}, r_{vi})$ $PIP(r_{ui}, r_{vi}) = proximity(r_{ui}, r_{vi}) \times impact(r_{ui}, r_{vi})$ $\times popularity(r_{ui}, r_{vi})$	未考虑共同评分比例；未标准化；未解决用户全局偏好问题
Jaccard PSS 相似度[73]	$JPSS\_sim(u, v) = jacc'\_sim(u, v) \times PSS\_sim(u, v)$ $jacc'\_sim(u, v) = \dfrac{\|I_u \cap I_v\|}{\|I_u\| \times \|I_v\|}$ $PSS\_sim(u, v) = \sum_{i \in I'} \{pro(r_{ui}, r_{vi}) sig(r_{ui}, r_{vi}) sin(r_{ui}, r_{vi})\}$ $pro(r_{ui}, r_{vi}) = \left[1 - \dfrac{1}{1 + exp(-\|r_{ui} - r_{vi}\|)} \right]$ $sig(r_{ui}, r_{vi}) = \left[\dfrac{1}{1 + exp(-\|r_{ui} - r_{med}\| \times \|r_{vi} - r_{med}\|)} \right]$ $sin(r_{ui}, r_{vi}) = \left[1 - \dfrac{1}{1 + exp\left(-\left\|\dfrac{r_{ui} + r_{vi}}{2} - \mu_i\right\|\right)} \right] \}$	该模型是组合 Jaccard 相似度和 PSS 相似度得到的，而 PSS 又是在 PIP 基础上改进得到的
NHSM 相似度[73]	$urp\_sim(u, v) = 1 - \dfrac{1}{1 + exp(-\|\bar{r}_u - \bar{r}_v\| \times \|\sigma_u - \sigma_v\|)}$ $\sigma_u = \sqrt{\sum_{i \in I_u} (r_{ui} - \bar{r}_u)^2 / \|I_u\|}$ $NHSM\_sim(u, v) = JPSS\_sim(u, v) \times urp\_sim(u, v)$ σ_u 和 σ_v 分别表示用户 u 和用户 v 评分标准差	相似度计算较为复杂；忽略了单个评分项

根据以上分析可以看出，单一地只考虑某一方面的因素得到的相似度是不准确的，相似性描述粗糙，这也印证了人类感知为何会更准确。因此，应该模拟主观感知多层次的特点，合理地选择出考虑上述各种因素的具有代表性的相似度方法，并将其和谐地组合起来获得标准化的、高精度的相似度方法。

另外，NHSM 算法还考虑了以重要性因子度量用户是否喜欢某个项目，但是明确的数值在表达这种模糊的情感时是有局限性的，因此可以考虑模糊数的手段表现用户不确定的喜好情感。

3.4 基于模糊感知的综合用户评分相似度

从第 3.3 节的分析中能发现,新型相似度需要考虑三个因素:用户的绝对评价数值、用户之间共同评分数以及用户的评分偏好行为。其中针对第二个影响因素采用 Jaccard 相似度,对第三个影响因素采用用户评分偏好相似度,而为更好地体现用户绝对评分的影响,本章决定采用三角模糊相似度。

用户绝对评分表现在评分矩阵上即为用户对项目所给出的分值,是明确的数值,然而这个评分表现在用户行为中可以看成是一种用户行为决策,是具有模糊性的。由于信息存在不确定性,准确的数值很难表达决策者的决定,而用模糊表达更容易描述决策中的偏向性。作为模糊表达方式之一,三角模糊数可用于描述信息的模糊性和不确定度,且简单易操作。因此,可以将用户的绝对评分以三角模糊数的形式表示出来,并利用相似度能对两个模糊概念进行类比推理的特点,得到考虑用户主观评分行为模糊性的三角模糊相似度。文献〔16〕就是利用此思想,提出了形状无关区域和中点(SIAM)法,考虑三角模糊相似度与协同过滤方法相结合,比较用户彼此的相似性。

下文将从模糊概念、模糊数、三角模糊数循序渐进地介绍三角模糊相似度。

3.4.1 明确集合与模糊集合

将研究的对象包含在一定的范围之内,则研究对象的全体称为论域,并表示为 U。设论域为 U,若存在 $\mu_A(x):U \rightarrow [0,1]$,则称 $\mu_A(x)$ 为 $x \in A$ 的隶属度,一般将 $\mu_A(x)$ 称为 A 的隶属函数。

(1)明确集合:元素 x 要么在集合 A 中,要么不在集合 A 中[5],隶属函数如下:

$$\mu_A(x) = \begin{cases} 1, & x \in A \\ 0, & x \notin A \end{cases} \tag{3-1}$$

（2）模糊集合：元素 x 以一定程度 $\mu(\mu \in [0, 1])$ 属于 $A^{[17][18]}$。

结合用户评分行为来看，用户评分是一种模糊性的行为，它体现了用户在一定程度上喜欢或不喜欢项目的情感。为了更贴合人类直观理解情感的方式，利用三角模糊数的数学手段数值化这种模糊情感行为。

3.4.2 三角模糊数

文献［19］提出了三角模糊数的概念：定义 $\mathbb{R}$（$=(-\infty, +\infty)$）上的模糊数 M 被称为三角模糊数，如果 M 的隶属度函数 $\mu_M: \mathbb{R} \to [0, 1]$ 使得下式成立：

$$
\mu_M(x) = \begin{cases} \dfrac{1}{m-x}x - \dfrac{l}{m-l}, & x \in [l, m] \\ \dfrac{1}{m-u}x - \dfrac{u}{m-u}, & x \in [m, u] \\ 0, & x \in (-\infty, l] \cup [u, +\infty) \end{cases} \tag{3-2}
$$

通常三角模糊数 M 用 (l, m, u) 表示，其中 m 为 M 的隶属度为 1 的中值，即当 $x = m$ 时，x 完全属于 M，l 和 u 分别为下界和上界，在 l，u 以外的不再属于模糊数 M。

三角模糊数具有"中值清晰、边界模糊"的特点，符合人们评论下的正态分布的特点。只是它是一种将模糊决策数值化的途径，需要与相似度巧妙结合生成描述用户品位相似性的新相似度度量方法。

3.4.3 三角模糊相似度的计算

三角模糊数可用于表示不确定和不完整的信息，而相似度的测量会用到三角模糊数的一些参数，由于形状和中点都是三角模糊数的重要参数，因此考虑用两个三角模糊数形成的相交区域的面积表示相似度。则 SIAM 算法计算步骤如下（以计算两个用户的 SIAM 相似度为例）：

输入：两个用户对 n 个项目的评分向量 $R^1 = \{r_1^1, r_2^1, \cdots, r_n^1\}$，$R^2 = \{r_1^2,$

r_2^2，$\cdots$，r_n^2}。

输出：用户的三角模糊相似度

1. 计算三角模糊数中点：

$$a^M = \frac{1}{5n} \sum_{i=1}^{n} r_i^1 \text{ , } b^M = \frac{1}{5n} \sum_{i=1}^{n} r_i^2 \tag{3-3}$$

2. 计算模糊离散度 FD，即用户评分减去用户平均评分的绝对值，用以描述用户评价的不确定度：

$$FD\_a = \frac{1}{5n} \sum_{i=1}^{n} |x_i^1 - a^M| \text{ , } FD\_b = \frac{1}{5n} \sum_{i=1}^{n} |x_i^2 - b^M| \tag{3-4}$$

3. 计算指标 E：

$$E\_a = \frac{1}{5n} \sum_{i=1}^{n} \text{sig}(x_i^1 - a^M)$$

$$E\_b = \frac{1}{5n} \sum_{i=1}^{n} \text{sig}(x_i^2 - b^M) \tag{3-5}$$

4. 计算三角模糊数 $\tilde{A} = (a^L, a^M, a^U)$，$\tilde{B} = (b^L, b^M, b^U)$，其中，

$$\begin{cases} a^L = a^M - \dfrac{1}{2}(FD\_a - E\_a) \\[2mm] a^U = a^M + \dfrac{1}{2}(FD\_a + E\_a) \end{cases}$$

$$\begin{cases} b^L = b^M - \dfrac{1}{2}(FD\_b - E\_b) \\[2mm] b^U = b^M + \dfrac{1}{2}(FD\_b + E\_b) \end{cases} \tag{3-6}$$

5. 针对步骤1～步骤4计算得到两个三角模糊数 $\tilde{A} = (a^L, a^M, a^U)$，$\tilde{B} = (b^L, b^M, b^U)$，将 $\tilde{A} = (a^L, a^M, a^U)$ 移动至 $\tilde{A}' = [a^L + (b^M - a^M), b^M, a^U + (b^M - a^M)]$，使得 $\tilde{A}'$ 和 $\tilde{B}$ 的中点一致，则 $\tilde{A}$ 和 $\tilde{B}$ 两个三角模糊数相交区域计算如下：

$$\begin{aligned} S_{SIA}(\tilde{A}, \tilde{B}) &= \frac{2R_{\tilde{A}' \cap \tilde{B}}}{R_{\tilde{A}} + R_{\tilde{B}}} \\[2mm] &= \frac{2\{\min[b^U, a^U + (b^M - a^M)] - \max[a^L + (b^M - a^M), b^L]\}}{(a^U - a^L) + (b^U - b^L)} \end{aligned} \tag{3-7}$$

其中，$a^U - a^L \neq 0$ 且 $b^U - b^L \neq 0$。

    6. 用三角模糊数度量相似性是基于其相交区域的计算：

$$S_{SIAM}(\widetilde{A}, \widetilde{B}) = \alpha(1 - |a^M - b^M|) + \beta S_{SIA}(\widetilde{A}, \widetilde{B}),$$

$$(\alpha + \beta = 1, \ \alpha > 0, \ \beta > 0) \tag{3-8}$$

得到了描述用户评分绝对数值的模糊相似度之后，可以结合 Jaccard 相似度、URP 相似度多层次感知用户评分行为。

3.4.4　基于模糊感知的综合用户评分相似度

    因此，本章用更符合人类语言情感信息不确定性描述的三角模糊相似度来表示用户评分绝对分值这一信息，用 Jaccard 相似度体现用户共同评分项这一信息，增加了用户共同评分物品数对相似度的影响。用 URP 相似度体现用户打分范围偏向性，为模拟人的主观思考的非线性，本章将这三个相似度相乘得到模糊综合相似度 FCS。对比 NHSM，FCS 以三角模糊化的方式在考虑用户绝对评分数值的同时考虑了用户是否真正喜欢项目的因素，简化了相似度的计算。FCS 公式化如下：

$$FCS(u, v) = S_{SIAM}(u, v) \times \text{jaccard\_sim}(u, v) \times \text{urp\_sim}(u, v)$$

$$\text{jaccard\_sim}(u, v) = \frac{|I_u \cap I_v|}{|I_u \cup I_v|}$$

$$\text{urp\_sim}(u, v) = 1 - \frac{1}{1 + \exp(-|\bar{r}_u - \bar{r}_v| \times |\sigma_u - \sigma_v|)}$$

$$\sigma_u = \sqrt{\sum_{i \in I_u}(r_{ui} - \bar{r}_u)^2 / |I_u|} \tag{3-9}$$

其中，$\bar{r}_u$ 和 $\bar{r}_v$ 分别代表用户 u 和用户 v 对所有项目的平均评分；I_u 和 I_v 分别代表用户 u 和用户 v 评价过的商品；σ_u 和 σ_v 各自代表用户 u 和用户 v 评价标准差，该相似度综合考虑了三方面因素，得到了综合性的标准化的用户评分相似度。

3.5　本章小结

    本章属于用户行为相似度感知阶段。本章从分析学习代表性相似度算法

NHSM 入手，分析模型特点并根据模型存在的一些不足提出相应的改进方向。通过归纳发现影响用户评分行为的因素主要有三方面：用户评分的绝对数值、用户共同评分项目数和用户评分范围偏好，其中考虑到评分信息所隐含的情感不确定性，遂又引入三角模糊相似度得到了模糊综合相似度，全面且准确地体现用户评分行为。

本章参考文献

［1］Liu H, Hu Z, Mian A, et al. A new user similarity model to improve the accuracy of collaborative filtering［J］. Knowledge-Based Systems, 2014, 56: 156 – 166.

［2］Adomavicius G, Tuzhilin A. Toward the next generation of recommender systems: A survey of the state-of-the-art and possible extensions［J］. IEEE Transactions on Knowledge & Data Engineering, 2005, 17（6）: 734 – 749.

［3］Shi Y, Larson M, Hanjalic A. Collaborative filtering beyond the user-item matrix: A survey of the state of the art and future challenges［J］. ACM Computing Surveys（CSUR）, 2014, 47（1）: 1 – 45.

［4］Sarwar B, Karypis G, Konstan J, Reidl J. Item-based collaborative filtering recommendation algorithm［C］. In Proceedings of the 10th International Conference on World Wide Web（WWW'01）. ACM, New York, NY, 2001, 285 – 295.

［5］Saranya K G, Sadasivam G S. Modified heuristic similarity measure for personalization using collaborative filtering technique［J］. Applied Mathematics and Information Sciences, 2017, 11（1）: 317 – 25.

［6］Patra B K, Launonen R, Ollikainen V, et al. A new similarity measure using Bhattacharyya coefficient for collaborative filtering in sparse data［J］. Knowledge-Based Systems, 2015, 82: 163 – 177.

［7］Herlocker J L, Konstan J A, Borchers A, et al. An algorithmic framework for performing collaborative filtering [J]. Acm Sigir Forum, 2017, 51 (2): 227 – 234.

[8] Shardanand U, Maes P. Social information filtering: algorithms for automating "word of mouth" [C]. Proceedings of the SIGCHI Conference on Human factors in Computing Systems, 1995: 210 – 217.

[9] Jamali M, Ester M. Trustwalker: A random walk model for combining trust-based and item-based recommendation [C]. Proceedings of the 15th ACM SIGKDD International Conference on Knowledge Discovery and Data Mining, 2009: 397 – 406.

[10] Koutrika G, Bercovitz B, Garcia-Molina H. FlexRecs: Expressing and combining flexible recommendations [C]. Proceedings of the ACM SIGMOD International Conference on Management of Data, SIGMOD 2009, Providence, Rhode Island, USA, June 29-July 2, 2009. ACM, 2009: 745 – 758.

[11] Cacheda F, Carneiro V, Fernandez D, et al. Comparison of collaborative filtering algorithms: Limitations of current techniques and proposals for scalable, high-performance recommender systems [J]. ACM Transactions on the Web, 2011: 1 – 33.

[12] Bobadilla J, Serradilla F, Bernal J. A new collaborative filtering metric that improves the behavior of recommender systems [J]. Knowledge-Based Systems, 2010, 23 (6): P. 520 – 528.

[13] Bobadilla J, Ortega F, Hernando A, et al. A collaborative filtering approach to mitigate the new user cold start problem [J]. Knowledge-Based Systems, 2012, 26 (none): 225 – 238.

[14] Gazdar A, Hidri L. A new similarity measure for collaborative filtering based recommender systems [J]. Knowledge-Based Systems, 2020, 188: 105058: 72 – 77.

[15] Jain G, Mahara T, Tripathi K N. A Survey of Similarity Measures for Collaborative Filtering-Based Recommender System [M]. Soft Computing: Theories and Applications. Springer, Singapore, 2020: 343 – 352.

［16］ Zhang X X, Ma W M, Chen L P. New similarity of triangular fuzzy number and its application ［J］. The Scientific World Journal, 2014: 1 – 7.

［17］ Zadeh L A. Fuzzy sets ［J］. Information & Control, 1965, 8 (3): 338 – 353.

［18］ Kantardzic M. Fuzzy sets and fuzzy logic ［M］. Prentice Hall PTR, 2011: 247 – 275.

［19］ Van Laarhoven P J M, Pedrycz W. A fuzzy extension of Saaty's priority theory ［J］. Fuzzy sets and Systems, 1983, 11 (1 – 3): 229 – 241.

第4章

多层模糊感知相似性的实现

4.1 引　言

通过对用户行为数据进行研究发现，为了搜寻和目标用户最相似的或最不相似的邻居，用户评分相似度需要考虑评分绝对数值、用户间共同评价项目数和用户评分范围三大主要因素，另外考虑到用户评分的不确定性，在之前的章节中提出了 FCS 相似度，性能良好。

然而由于只考虑了用户行为数据（即评分），该相似度仍具有一定的局限性。我们研究了相似度的主观感知理解过程，用户为了避免出错，通常会参考周围环境或是上下文语境对感知结果进行深度复核理解。这里"出错"对应到推荐系统中即由于数据稀疏导致的冷启动问题，而"参考环境语境"说明在推荐过程中除了考虑用户项目的交互行为外，还应考虑其他辅助信息，体现全局思维。

本章经研究发现大数据时代许多现象都是符合统计理念的，例如，随机性背后其实呈现一定的统计规律性。对同一个用户的过往评分记录，以不同特征分类，例如，年龄、工作、星座、性别、地域环境等分布相对集中，方差较小，故而可以统计用户特征之间的相似度。同样地，对同一用户所给过的历史评分中，可以以物品不同类别统计用户兴趣，并展开一定的内积优化工作。这种以多类别统计处理的方式在一定程度上消除了由随机性带来的不确定性，应用到推荐任务中，会对模型的稳定性有很大的助益。本章在 FCS 基础上，将介绍添加的三方面额外数据及对应相似度，意图构造全局相似度，我们命名为多层模糊感知相似度（multilayer fuzzy perception similarity，MFPS），进一步提高推荐精度。

4.2 用户属性相似度

4.2.1 用户属性数据

用户属性数据也称为人口统计学数据或用户画像，即用于描述自身特点的信息，常见的有用户年龄、工作、星座、性别、居住地址、最高学历等。

人类生活在社会这个大圈子中，崇尚集体智慧，不同的用户属性将用户划分为不同的生活圈，同一生活圈里的人会有更相似的生活习惯、行为喜好，挖掘这一属性背后所体现的相似性，实现"人以群分"，为实现个性化推荐奠定基础。

4.2.2 用户属性相似度定义

我们以数据集中的用户个人信息表 u. user 为例，其中利用该表的数据值构造用户属性向量 $U(age, gen, ocp, zip)$，设用户 i 和用户 j 的属性向量分

别为 $U_i(age_i,\ gen_i,\ ocp_i,\ zip_i)$ 和 $U_j(age_j,\ gen_j,\ ocp_j,\ zip_j)$。

将年龄化整为散，按照"未成年—成年—中年—中老年—老年"的年龄认知将用户划分为五个年龄层：用 1 表示 0～18 岁，2 表示 19～35 岁，3 表示 36～45 岁，4 表示 46～60 岁，5 表示 60 岁以上。定义年龄相似度 $\mathrm{sim}_{age}(i,\ j)$ 如表 4-1 所示。

表 4-1   用户年龄相似度定义

年龄差绝对值	年龄相似度
0	1.00
1	0.75
2	0.50
3	0.25
4	0.00

用户性别用二分类 0 与 1 描述，0 表示男性，1 表示女性，则有如下性别相似度：

$$\mathrm{sim}_{gen}(i,\ j)=\begin{cases}1,\ gen_i=gen_j\\0,\ gen_i\neq gen_j\end{cases} \tag{4-1}$$

用户职业有多个取值，若职业相同，则定义相似度为 1，不同定义为 0；

$$\mathrm{sim}_{ocp}(i,\ j)=\begin{cases}1,\ ocp_i=ocp_j\\0,\ ocp_i\neq ocp_j\end{cases} \tag{4-2}$$

用户居住地编码也有多个取值，相似度定义同上，即：

$$\mathrm{sim}_{zip}(i,\ j)=\begin{cases}1,\ zip_i=zip_j\\0,\ zip_i\neq zip_j\end{cases} \tag{4-3}$$

对用户的这四个属性赋值相同的权值，得到最终两个用户互相的属性相似度如下：

$$\mathrm{sim}_u(i,\ j)=\frac{\mathrm{sim}_{age}(i,\ j)+\mathrm{sim}_{gen}(i,\ j)+\mathrm{sim}_{ocp}(i,\ j)+\mathrm{sim}_{zip}(i,\ j)}{4}$$

$$\tag{4-4}$$

4.3　用户兴趣相似度

4.3.1　项目属性数据

与用户属性数据相对应的还有项目属性数据，也就是项目自身特征信息。对应到书籍上来看，作者、发布日期、语言、书籍分类等都属于项目自身属性。

利用用户对项目的历史交互数据，可以从中发现规律，例如，从用户对项目属性的行为数据挖掘用户偏好（用户浏览的书籍类型多为小说或科普类，可以认为用户更偏好此类图书），进一步完善用户相似度的刻画，提升推荐精度。

4.3.2　用户兴趣相似度定义

在电影推荐场景中，每部电影都有归属类型，例如，动作片、喜剧片、纪录片等，统计用户观影类型分布也是分析用户兴趣分布的一种方法，如果两人兴趣越相近，可以认为此二人是越相似的。定义用户对每类电影的兴趣度是用户对该类电影打分和评论数的综合度量，用户对哪类电影感兴趣一定是普遍评分偏高且评价数目偏多的，因此用户兴趣度向量定义如下[1]：

$$ins_{u,k} = \lambda \frac{(\sum_{i \in I_k} r_{ui})/|I_k|}{\sum_{x \in T}[(\sum_{i \in I_x} r_{ui})/|I_x|]} + (1 - \lambda)\frac{A_k}{A} \qquad (4-5)$$

其中，$ins_{u,k}$ 描述了用户 u 对 k 类型的项目的兴趣程度，" + "左边代表用户评分度量，" + "右边代表用户评论数度量，λ 代表重要度衡量，r_{ui} 描述了用户 u 对 i 的评分，$|I_k|$ 代表 k 类别项目集合数，T 代表项目类别集合，A_k 代表

用户对 k 类别项目的评论数，A 代表用户总评论数。

对用户 i 和用户 j 的兴趣程度特征向量 $ins_{i,k}$ 和 $ins_{j,k}$，定义兴趣相似度如下：

$$\text{sim}_{ins}(i,\ j) = \frac{\sum\limits_{k \in T} ins_{i,k} \times ins_{j,k}}{\sqrt{\sum\limits_{k \in T} ins_{i,k}^2}\ \sqrt{\sum\limits_{k \in T} ins_{j,k}^2}} \qquad (4-6)$$

4.4 基于上下文数据的属性融合

4.4.1 上下文数据

上下文数据是指用户或项目周围的环境，例如，时间、地点、人物、运动状况等。上下文数据一般都是动态变化的，合理利用上下文数据，可以提升定制化推荐服务[2]。

4.4.2 利用上下文动态融合属性相似度

本节利用用户评论数作为系统的上下文信息，动态地将用户属性相似度和用户兴趣相似度相融合，有效缓解了数据稀疏性问题。将用户属性数据、项目属性数据、环境数据动态融合获取的结果称为属性相似度，定义如下：

$$\text{sim}_{attr}(i,\ j) = \begin{cases} \eta\dfrac{comt}{t_1}\text{sim}_{ins}(i,\ j) + \left(1 - \eta\dfrac{comt}{t_1}\right)\text{sim}_u(i,\ j),\ comt < t_1 \\[2mm] \eta\text{sim}_{ins}(i,\ j) + (1-\eta)\text{sim}_u(i,\ j),\ t_1 \leqslant comt \leqslant t_2 \\[2mm] 0,\ comt > t_2 \end{cases}$$

$$(4-7)$$

其中，$comt$ 表示用户评论数，t_1 和 t_2 代表阈值。

4.5 全局组合相似度

4.5.1 全局组合相似度模型

经过对用户评分行为影响因素的全面分析，以及考虑全局影响结合属性数据和上下文的属性相似度，得出综合推荐相似度 $\text{sim}(i, j)$ 如下：

$$\text{sim}(i, j) = \gamma \text{sim}_{FCS'}(i, j) + (1 - \gamma) \text{sim}_{attr}(i, j)$$

$$\text{sim}_{FCS'}(i, j) = S_{SIAM}(i, j)^{\frac{1}{2}} \times \text{urp\_sim}(i, j)^{\frac{1}{2}} \times \text{jaccard\_sim}(i, j)$$

$$(4-8)$$

其中，$\text{sim}(i, j)$ 代表用户 i 和用户 j 之间的综合推荐相似度，$\text{sim}_{FCS'}(i, j)$ 代表体现用户评分行为的相似度，$\text{sim}_{attr}(i, j)$ 代表属性相似度，γ 为权重。

在得到全局综合用户相似度后，就可以带入第 2 章中分析的基于矩阵分解的社交正则化模型当中，进一步优化模型结果。

4.5.2 基于全局组合相似度的社交推荐方法

第 3 章主要介绍了用户评分相似度的模糊感知工作，第 4 章介绍了结合边信息全面理解用户相似性的召回工作，总的来看，对用户相似性的挖掘和召回工作流程如图 4-1 所示。

挖掘用户相似性的整体流程为：对用户评分三角模糊化，然后融入用户共同评分项目数的影响，考虑到用户评分范围的不同，因此添加 URP 相似度，最终得出综合的用户评分相似度。

召回工作也是在挖掘的基础上进行的，进一步对相似用户集进行筛选，在此步骤中加入了属性数据等边信息，有效缓解了冷启动等问题，最终设计出了非线性的解释性好的综合用户相似度，并将筛选出的近邻用户信息作为隐反馈数据运用到推荐模型中。算法如下：

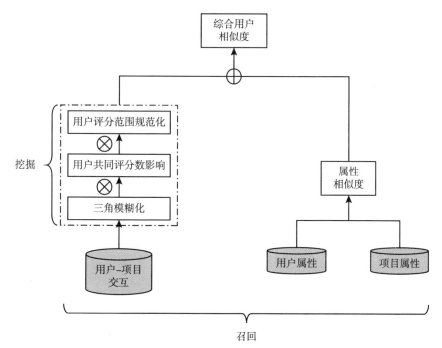

图 4 - 1　用户相似度的挖掘及召回工作流程

算法 4 - 1　基于全局组合相似度的社交推荐方法

1. 输入：$m \times n$ 的评分矩阵 R，行数为用户数，列数为项目数；隐因子数 k；学习率 γ_1，γ_2；正则化参数 λ_1，λ_2；最大迭代次数 T；
2. 数据：评分矩阵 R；
3. 初始化用户特征矩阵 U 和项目特征矩阵 V；
4. for $item = 1$，2，$\cdots$，T do：
5. 　　for $i = 1$，$\cdots$，m：
6. 　　　for $j = 1$，$\cdots$，n：
7. 　　　　由公式（3.3）～公式（3.8）得出用户 i 和用户 j 之间的模糊三角相似度 sim_{ij}^{ftn}；
8. 　　　　由表 3 - 1 计算用户 i 和用户 j 彼此的 Jaccard 相似度 sim_{ij}^{jacc}；
9. 　　　　由表 3 - 1 计算用户 i 和用户 j 彼此的用户评分偏好相似度 sim_{ij}^{urp}；
10. 　　　计算用户 i 和用户 j 彼此的模糊综合相似度
　　　　　　$\mathrm{sim}_{ij}^{FCS} = \mathrm{sim}_{ij}^{ftn} \times \mathrm{sim}_{ij}^{jacc} \times \mathrm{sim}_{ij}^{urp}$；
11. 　　　由公式（4.4）计算用户 i 和用户 j 彼此的用户属性相似度 $\mathrm{sim}_{ij}^{user\_attr}$；
12. 　　　由公式（4.5）～公式（4.6）计算用户 i 和用户 j 的用户兴趣相似度 $\mathrm{sim}_{ij}^{user\_ins}$；
13. 　　　由公式（4.7）计算用户 i 和用户 j 彼此的整体属性相似度 sim_{ij}^{attr}；
14. 　　　s_{ij} 为用户 i 和用户 j 彼此的相似度；

15.　　　　r_{ij} 为矩阵 R 第 i 行第 j 列的元素；

16.　　　　pred $= u_i^T v_j$；

17.　　　　$\Delta_{ij} = r_{ij} - u_i^T v_j$；

18.　　　　由用户相似度矩阵得出近邻好友集合；

19.　　　　根据以下更新规则更新用户/项目隐向量：

20.　　　　$u_i \leftarrow u_i + \gamma_1 \left[\Delta_{ij} v_j - \alpha \sum_{f \in F^+(i)} s_{if}(u_i - u_f) - \alpha \sum_{g \in F^-(i)} s_{ig}(u_i - u_g) - \lambda_1 u_i \right]$

21.　　　　$v_j \leftarrow v_j + \gamma_2 \left(\Delta_{ij} u_i - \lambda_2 v_j \right)$

22.　　　end for；

23.　　　end for；

24.　end for；

25.　return 预测评分 $U^T V$。

4.6　MFPS 实验结果及分析

主观相似度认知的最后一个阶段即为对模型的评价。传统的推荐算法要么对模型进行评分准确度评价，要么对模型进行排序准确度评价。而在本章中，为检验预测准确度，将数据集划分为训练集和测试集，并比较了本章提出的方法与其他传统方法的推荐效果，以一个公平的全面的视角对提出的用户综合相似度模型进行评价，并验证方法的可行性。

4.6.1　数据集介绍

本章采用的是由明尼苏达大学 GroupLens 研究组搜集的 MovieLens-100k（ML-100k）数据集（https：//grouplens. org/datasets/movielens/100k/）。该数据集是在 MovieLens 网站于 1997 年 9 月 19 日 ~ 1998 年 4 月 22 日历时 7 个多月的时间内搜集而得，它涵盖了 943 个 MovieLens 用户对 1682 部电影的100000 条评分记录（范围在 1 ~ 5 之间），每位评价者有 20 条及以上的评分记录以及一些相关的个人信息数据，诸如（年龄、性别、职业、邮编等）。实验要用到的数据信息如表 4 - 2 和表 4 - 3 所示。

表 4 – 2   评分信息表 u. data

描述	用户编号	项目编号	评分	时间戳
示例	196	242	3	881250949186

表 4 – 3   用户个人统计信息表 u. user

描述	用户编号	年龄	性别	职业	邮编
示例	1	24 岁	男	技术人员	857112

另外还用到了项目信息 u. item，该文件包括项目（即电影）相关信息，前六列为电影编号、电影名称、发行日期、影片上映日期、IMDB、URL，后十九列代表电影类型，值为 1 代表电影属于该类型，值为 0 代表不属于该类型，一部电影可以同时有多个类型值。最后在实验过程中，数据集被划分为了训练集和测试集，且训练集：测试集 = 8：2。

实验用到的第二个数据集是 GroupLens 于 2003 年 2 月发布的 MovieLens-1M（ML-1M）数据集，该数据集囊括了 6040 个 MovieLens 用户对 3706 部电影超过 100 万条评分记录。数据集形式与 MovieLens-100k 大致类似，以 dat 形式的文件存储。

4.6.2 实验评价指标

为了公平客观地评价基于优化的综合的用户相似度的推荐模型效果，本章决定同时从评分预测准确度和排序准确度两个方面对推荐方法进行评价。为衡量评分准确度，我们使用均方误差 MSE 进行评价。MSE 的值越小证明预测越精确，推荐性能也更佳。同时考虑 top-N 推荐结果评价，采用业内使用最广泛的 Recall、Precision、NDCG 作为排序指标进行评价，值越大，说明推荐效果越好。

归一化折损累计增益（normalized discounted cumulative gain，NDCG）对排序高的项目赋予较高的重要度[3][4]。好的推荐结果应该是一方面把最相关的结果放到排名最靠前的位置，另一方面整个推荐列表的结果尽可能和查询结果相关。NDCG 的设计完美地满足了这两条，因此本章也选用了这个指标用于评价。

4.6.3 实验过程

本章以纵向和横向进行对比实验。纵向是复现相似度优化的过程，确定综合用户相似度的可行性，并在逐步验证用户相似度感知和理解的过程中确定最优参数；横向是在确定了优化的相似度有助于提升推荐效果后验证推荐效果提升程度。结合预测准度指标和排序准度指标，全面且客观地评价 MF-PS 模型，比较基于 MFPS 相似度优化的推荐模型与其他传统推荐模型和神经网络推荐模型的优劣，表现模型的高效性。

具体来说，在纵向阶段，本章要解决的是改进用户相似度模型对提升推荐效果有无变化、变化多少的对比实验。首先，基模型是矩阵分解模型，使用社交正则化生成社交化推荐则是对模型的第一个改进，比较添加社交化信息后模型效果的改变。其次，是用户相似度的改进，这里我们用文献［5］中提出的结合用户、项目相似度的社交化推荐作为第三个对比实验。而在我们的 MFPS 框架中由于考虑了人类行为决策的模糊性，加入了三角模糊相似度，因此我们把基于三角模糊相似度的社会化也进行比较。进一步地，我们与目前公认效果比较好的 NHSM 相似度[5]进行对比，并用三角模糊相似度替换其中的 PSS 相似度，观察分析实验结果。

横向阶段在纵向阶段的基础上进一步验证模型的优越性。纵向阶段可以看成是用户相似度的优化演变对比实验，而横向阶段则是比较模型上的优胜劣汰。将本章的模型与传统的 ItemKNN、UserKNN 以及目前流行的神经网络算法相对比，并观察不同指标上不同推荐模型的表现情况，观察并分析得出实验结论。

最后，在横向阶段的基础上，采用不同的数据集进行实验，观察实验结果，验证模型的稳定性。

4.6.3.1 实验一：纵向比较

为研究新提出的综合用户相似度的可行性，通过结合社交推荐模型，在设计思路的基础上，逐步地验证选用的相似度的合理性，同时也将基于模糊组合相似度的社交推荐模型与经典的推荐模型矩阵分解，以及社交化代表算法和当前公认得比较好的相似度优化推荐算法等相比较，突出算法特点，体现提出的用户组合相似度的高精度高性能。

在下文中我们将进行七个模型的对比试验，它们分别是：

（1）矩阵分解模型（MF）：

$$L_{MF} = \min_{U,V} \frac{1}{2} \sum_{i=1}^{m} \sum_{j=1}^{n} I_{ij} (R_{ij} - U_i^T V_j)^2 + \frac{\lambda_1}{2} \|U\|_F^2 + \frac{\lambda_2}{2} \|V\|_F^2 \quad (4-9)$$

（2）添加用户正则化的社会化推荐模型（SR）：

$$L_{SR} = \min_{U,V} \frac{1}{2} \sum_{i=1}^{m} \sum_{j=1}^{n} I_{ij} (R_{ij} - U_i^T V_j)^2 + \frac{\alpha}{2} \sum_{i=1}^{m} \sum_{f \in F^+(i)} s_{if} \|U_i - U_f\|_F^2$$
$$+ \frac{\lambda_1}{2} \|U\|_F^2 + \frac{\lambda_2}{2} \|V\|_F^2 \quad (4-10)$$

其中，s_{if} 为用户之间皮尔森相似度。

（3）同时添加用户隐信息和项目隐信息的隐式社会化推荐模型（ISR）：

$$L_{ISR} = \min_{U,V} \frac{1}{2} \sum_{i=1}^{m} \sum_{j=1}^{n} I_{ij} (R_{ij} - U_i^T V_j)^2 + \frac{\alpha}{2} \sum_{i=1}^{m} \sum_{f \in F^+(i)} s_{if} \|U_i - U_f\|_F^2$$
$$+ \frac{\beta}{2} \sum_{j=1}^{n} \sum_{q \in Q^+(i)} s_{jq} \|V_j - V_q\|_F^2 + \frac{\lambda_1}{2} \|U\|_F^2 + \frac{\lambda_2}{2} \|V\|_F^2 \quad (4-11)$$

其中，s_{jq} 为项目之间的皮尔森相似度。

（4）基于用户三角模糊相似度的社交推荐模型（FSR）：目标函数同模型（2），只不过用户相似度由 PCC 变成了用户三角模糊相似度。

（5）基于 NHSM（目前计算相似度的代表性方法）用户相似度的社交推荐模型（NSR）：目标函数同模型（2），只不过用户相似度由 PCC 变成了 NHSM 用户相似度。

（6）基于优化版 NHSM 用户相似度的社交推荐模型（NSR$^+$），在模型（5）的基础上将 NHSM 的 PSS 部分替换成三角模糊相似度，体现模糊表达在用户行为决策中实现的价值。

（7）本章提出的模型，即基于 MFPS 框架下的社交推荐模型。

七种算法对比试验的训练集和测试集 MSE 结果，如表 4 - 4 和表 4 - 5 所示。

表 4 - 4　　　　　　　　　七种算法对比试验的训练集 MSE 结果

迭代次数	模型						
	MF[4]	SR[5]	ISR[6]	FSR[7]	NSR[8]	NSR+	MFPS
1	13.588	13.619	13.586	13.625	13.614	13.591	13.594
2	5.937	6.856	5.937	7.053	6.675	6.054	6.080
5	1.171	1.184	1.169	1.184	1.180	1.171	1.172
10	0.881	0.894	0.894	0.886	0.888	0.888	0.885
19	0.738	0.773	0.772	0.753	0.762	0.744	0.445
25	0.642	0.703	0.710	0.658	0.680	0.664	0.643
50	0.323	0.410	0.417	0.355	0.373	0.349	0.321
100	0.174	0.223	0.226	0.209	0.200	0.189	0.173
200	0.128	0.165	0.168	0.153	0.148	0.141	0.127

表 4 - 5　　　　　　　　　七种算法对比试验的测试集 MSE 结果

迭代次数	模型						
	MF[4]	SR[5]	ISR[6]	FSR[7]	NSR[8]	NSR+	MFPS
1	14.163	14.179	14.160	14.182	14.176	14.163	14.166
2	9.090	9.863	9.066	10.005	9.703	9.183	9.217
5	1.987	1.998	1.955	2.021	1.999	1.970	1.993
10	1.108	1.110	1.102	1.116	1.110	1.108	1.111
19	0.958	0.957	0.952	0.955	0.956	0.950	0.931
25	0.924	0.926	0.934	0.924	0.926	0.924	0.924
50	0.950	0.916	0.926	0.953	0.937	0.941	0.948
100	1.099	1.032	1.048	1.124	1.079	1.088	1.099

实验结果分析：

（1）由图 4 - 2 显示，总体来看，随着迭代次数的增加各个算法训练集的 MSE 值呈明显下降趋势，而测试集的 MSE 值呈先下降后逐渐上升的趋势，说明后期随着迭代次数的增加，模型出现了过拟合现象，因此需要分析合适的迭代次数，预防过拟合。

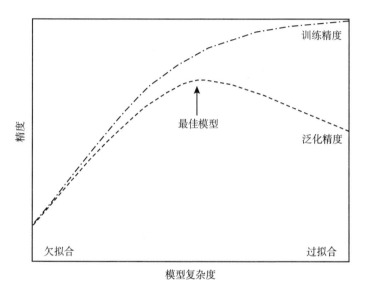

图 4 - 2　模型复杂度与模型精度

（2）从细节上来看，分析 MF、SR 结果后发现，SR 在训练集上的效果要逊色于 MF，而当对社会正则化项中的相似度进行改进后，这种情况得到了一定程度上的改善。在迭代初期，ISR 的推荐效果要好于 MF。对比单纯使用模糊三角相似度的 FSR 方法与其他方法，此方法效果最差，也说明只用模糊三角相似度是无法准确描述用户间相似度的。使用 NHSM 相似度的社会化推荐在训练集 MSE 上的表现略优于 SR、ISR、FSR，这体现了相似度优化以后，模型效果确实是在进一步改善的，但仍落后于 MF 模型，说明应进一步优化。而 NSR$^+$ 相比 NSR 模型，模型效果确实有了提升，也从侧面证明了模糊三角相似度必要性。最后就是本章提出的 MFPS 推荐模型，在训练初期，模型优势不明显，但训练到了一定的次数后，模型显著优于其他模型。

（3）以下介绍一些模型参数情况。

本章在这里主要讨论了两个重要的参数的选择情况：第一，迭代次数的选择；第二，用户评分上的相似性以及属性上的相似性之间的权衡因子 γ。由于实验分为了训练集和测试集，迭代次数过少时，训练效果不明显；迭代次数过多时，则会出现过拟合现象，失去了迭代的意义，因此要寻找合适的迭代次数。另外，在模型召回阶段，用户评分相似度和属性相似度是进行相似用户筛选的重要因素，二者权重占比不同，结果可能大不相同，所以选择合适的权衡因子 γ 让模型达到最佳效果也是一个重要的研究课题。最终实验获得最佳迭代次数为 25 次，权衡因子为 0.15。

其他超参数的选取已经多次实验获得，其中 α 为 0.01，β 为 0.01，λ_1 为 0.01，λ_2 为 0.01，隐因子数取 40，选用的最近邻及最不近邻的用户数目为 5。

①迭代次数的调整。

矩阵分解迭代 1～100 次时测试集 MSE 的变化情况，如图 4-3 所示。

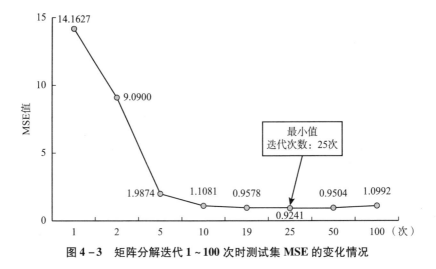

图 4-3　矩阵分解迭代 1～100 次时测试集 MSE 的变化情况

MFPS 模型迭代 1～100 次时测试集 MSE 的变化情况，如图 4-4 所示。

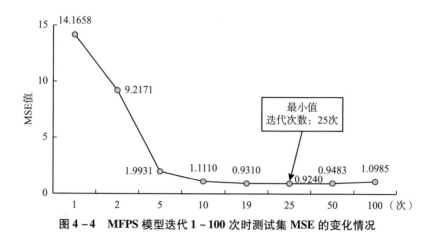

图 4 - 4   MFPS 模型迭代 1 ~ 100 次时测试集 MSE 的变化情况

实验结果分析：

本章经过多组实验对比发现迭代次数为 25 次时实验结果达到最优。

由图 4 - 3 和图 4 - 4 可明显发现，当迭代次数为 25 次时，测试集的 MSE 取得最小值。在迭代次数小于 25 次时，测试集 MSE 呈明显的递减趋势；在迭代次数大于 25 次时，测试集 MSE 显现上升趋势。且迭代次数在 19 ~ 25 次时，测试集 MSE 保持在比较稳定的状态。

测试集迭代 19 次七种算法的测试集 MSE 值，如图 4 - 5 所示。

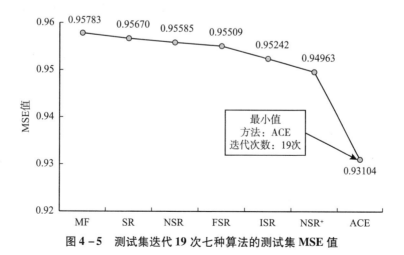

图 4 - 5   测试集迭代 19 次七种算法的测试集 MSE 值

测试集迭代 25 次七种算法的测试集 MSE 值，如图 4 – 6 所示。

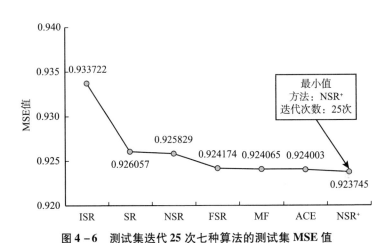

图 4 – 6　测试集迭代 25 次七种算法的测试集 MSE 值

实验结果分析：

经过对七种算法的测试集 MSE 的变化情况分析，当迭代次数过少时，各算法之间差异不明显；而当迭代次数过大时，算法又会出现过拟合的现象。因此尽可能选择迭代次数，使各模型测试集 MSE 值达到最佳模型的状态，即训练精度和测试精度不断增加至一个临界点，在该临界点处模型的泛化精度达到峰值，越过该临界点后模型的训练精度依旧不断提升但泛化精度会逐渐下降。

经过对各个算法迭代次数分析之后选取迭代次数等于 19 次的情况来比较相对应的测试 MSE 值，实验发现 MFPS 方法的测试 MSE 值明显小于其他方法的测试 MSE 值，在迭代次数等于 25 次时，MFPS 方法的测试 MSE 也属于较低水平。从而证实了本章构造的 MFPS 算法在预测精度上的优越性和权威性。

②γ 的调整。

γ 是平衡用户评分相似度和属性相似度的一个权衡因子，合适的 γ 才能获得令人满意的结果，因此 γ 调参也是一项非常重要的工作。本章测试出来最优的权衡因子 γ 为 0.15。表 4 – 6 和表 4 – 7 是 γ 取不同值时训练集和测试集在不同迭代次数下的 MSE 情况。

表 4-6 训练集在 γ 取值 [0，1] 时 MSE 变化情况

γ 值	迭代次数							
	1	2	5	10	25	50	100	200
0	13.616	6.683	1.183	0.891	0.645	0.323	0.174	0.128
0.05	13.588	5.939	1.174	0.89	0.642	0.326	0.175	0.128
0.10	13.587	5.915	1.17	0.889	0.643	0.322	0.173	0.127
0.15	13.594	6.08	1.172	0.885	0.643	0.321	0.173	0.127
0.20	13.571	5.595	1.165	0.89	0.646	0.325	0.175	0.129
0.25	13.616	6.684	1.183	0.891	0.646	0.324	0.174	0.128
0.30	13.588	5.94	1.174	0.89	0.643	0.327	0.175	0.129
0.35	13.587	5.916	1.17	0.889	0.644	0.323	0.174	0.128
0.40	13.594	6.081	1.172	0.885	0.644	0.322	0.173	0.128
0.45	13.571	5.596	1.165	0.89	0.647	0.326	0.175	0.13
0.50	13.596	6.143	1.176	0.888	0.646	0.326	0.175	0.129
0.55	13.616	6.686	1.183	0.891	0.648	0.325	0.175	0.129
0.60	13.588	5.941	1.174	0.89	0.644	0.328	0.176	0.13
0.65	13.587	5.918	1.17	0.89	0.645	0.325	0.174	0.128
0.70	13.594	6.083	1.172	0.885	0.645	0.323	0.174	0.128
0.75	13.571	5.597	1.165	0.89	0.648	0.327	0.176	0.13
0.80	13.616	6.687	1.183	0.891	0.648	0.326	0.175	0.129
0.85	13.588	5.942	1.174	0.89	0.645	0.329	0.177	0.13
0.90	13.587	5.919	1.17	0.89	0.646	0.326	0.175	0.129
0.95	13.594	6.084	1.172	0.886	0.646	0.324	0.174	0.129
1.00	13.571	5.598	1.165	0.89	0.649	0.328	0.177	0.131

表 4 - 7　　　　　　测试集在 γ 取值 [0，1] 时的 MSE 变化情况

γ 值	迭代次数							
	1	2	5	10	25	50	100	200
0	14.177	9.739	2.014	1.116	0.929	0.951	1.109	1.259
0.05	14.163	9.105	1.991	1.117	0.925	0.948	1.1	1.252
0.10	14.161	9.04	1.978	1.115	0.928	0.957	1.114	1.266
0.15	14.166	9.217	1.993	1.111	0.924	0.948	1.099	1.24
0.20	14.152	8.763	1.964	1.11	0.927	0.946	1.1	1.245
0.25	14.177	9.74	2.014	1.116	0.929	0.951	1.108	1.257
0.30	14.163	9.106	1.991	1.117	0.925	0.947	1.099	1.25
0.35	14.161	9.041	1.977	1.115	0.928	0.956	1.113	1.264
0.40	14.166	9.218	1.993	1.111	0.924	0.948	1.097	1.238
0.45	14.152	8.764	1.964	1.11	0.927	0.946	1.098	1.243
0.50	14.167	9.287	2.002	1.112	0.926	0.95	1.113	1.268
0.55	14.177	9.741	2.013	1.116	0.929	0.95	1.106	1.254
0.60	14.163	9.107	1.991	1.117	0.925	0.946	1.097	1.247
0.65	14.161	9.042	1.977	1.115	0.928	0.956	1.112	1.261
0.70	14.166	9.219	1.992	1.111	0.924	0.947	1.096	1.235
0.75	14.152	8.765	1.964	1.11	0.927	0.945	1.097	1.24
0.80	14.177	9.742	2.013	1.116	0.929	0.95	1.105	1.252
0.85	14.163	9.107	1.99	1.117	0.925	0.946	1.096	1.245
0.90	14.161	9.042	1.977	1.114	0.928	0.955	1.111	1.259
0.95	14.166	9.22	1.992	1.111	0.924	0.947	1.095	1.233
1.00	14.152	8.765	1.963	1.11	0.927	0.945	1.096	1.237

训练集迭代 200 次时 γ 取 [0，1] 的 MSE 变化情况，如图 4 - 7 所示。

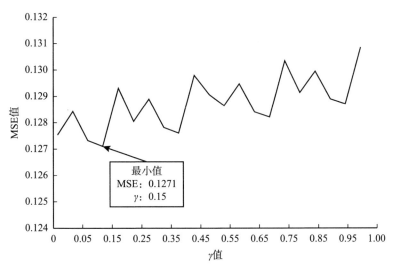

图 4 - 7　训练集迭代 200 次时 γ 取 [0, 1] 的 MSE 变化情况

γ 取 0.5 测试集在不同迭代次数下的 MSE 变化情况，如图 4 - 8 所示。

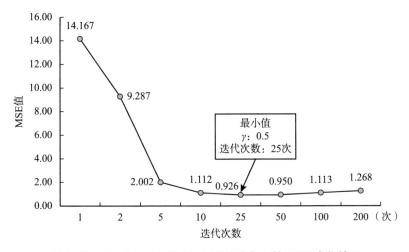

图 4 - 8　γ 取 0.5 测试集在不同迭代次数下的 MSE 变化情况

实验结果分析：

当迭代次数取 200 次时，MSE 的值随着 γ 的变化呈现一种不规律的变化情况。而图4-7中明显迭代次数为25次时的一个拐点，在迭代次数小于25次时，MSE呈大幅度下降趋势，而当迭代次数大于25次时，MSE取值又缓慢上升，结合前文过拟合的结论，可以看出当迭代次数大于25次时，模型逐渐过拟合，因此后文实验最佳迭代次数选择25次。

测试集迭代25次时γ取[0，1]的MSE变化情况，如图4-9所示。

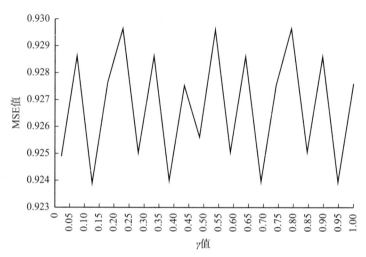

图4-9 测试集迭代25次时γ取[0，1]的MSE变化情况

实验结果分析：

我们选择迭代次数为25次时测试集的值对MSE的影响进行观察，如图4-9所示。随着γ的变化，MSE的值也呈现一种不规律的变化情况。但当=0.15时，MSE取得最小值，说明应对属性相似度赋予比较大的权重。

实验一小结：

从以上结果分析可以看出，MFPS模型确实是目前这七种算法中效果最好的。随着相似度的不断优化，相似度考虑的层次越多，训练的效果越来越好。但是对比测试集的结果，测试精度发生先大幅下降而后缓慢上升的情况，且这种改变在MFPS方法上体现得尤为明显，一方面说明发生了过拟合现象，另一方面也确实证明了MFPS方法添加的相似度进一步提升了推荐效果。

通过对两个重要参数：迭代次数和γ的取值情况进行分析，发现当迭代次数等于 25 次时，γ 取值为 0.15 时，实验取得最好结果。综合来看，相似度考虑层次的增加确实会大幅提高训练集的训练。

4.6.3.2 实验二：横向比较

实验一观察了相似度层次的增加会对训练产生正面的影响，也确定了比较重要的取值。而为了进一步验证本章提出的 MFPS 模型的效率，实验二将把 MFPS 模型与经典的 UserKNN[6]、ItemKNN[7]，以及神经网络模型 MCRec[12] 等算法进行对比。另外，考虑到结果的公正性，本章结合评分预测准确度和排序预测准确度的指标综合评价，实验结果如表 4-8 所示。

表 4-8　　　　　　　不同算法的在不同评价标准下的结果

方法	MSE	Precision	Recall	NDCG
UserKNN[6]	4.071	0.345	0.222	0.271
ItemKNN[7]	0.556	0.336	0.22	0.259
P3alpha[10]	0.8306	0.329	0.159	0.26
Rp3beta[11]	0.994	0.277	0.168	0.184
Puresvd[9]	0.866	0.127	0.106	0.115
MCRec[12]	0.398	0.32	0.206	0.249
MFPS	0.787	0.14	0.252	0.360

ItemKNN[6]：传统的基于 K 近邻和项目相似度的协同过滤模型，两个项目之间的相似度为余弦相似度。

UserKNN[7]：典型的基于 K 近邻和用户相似度的协同过滤模型，用户之间的相似度用余弦或 jaccard。

P3alpha[10]：一种易理解的基于图的方法，在用户和项目间用到了随机游走模型。

Rp3beta[11]：P3alpha 的变种，按照各个项目的流行程度不同分散相似度。

Puresvd[9]：传统的矩阵分解模型。

MCRec[12]：一种利用诸如电影类型等额外信息的协同注意力机制模型。

实验结果分析：

从评分预测来看，最好的是 MCRec 模型为 0.398，MFPS 为 0.787，略逊色于神经网络算法，但是在传统推荐算法中一骑绝尘。其中 UserKNN 结果远大于其他结果，由于只考虑了用户信息及相似度的片面选择，出现偏差如此大的结果也属正常。

从排序预测来看，截断值取值为 10，即推荐排名前 10 的项目，此时 Recall 和 NDCG 的值越大推荐效果越好。而不管是 Recall 还是 NDCG，MFPS 模型都能取得很好的效果，Recall 结果为 0.252，领先于剩余算法中最好结果的 13.5%，NDCG 结果为 0.360，更是领先于剩余算法中最好结果的 32.8%。虽然 MFPS 模型在 Precision 上表现不佳，但是本章从包括 MSE 上多个指标验证了模型的准度。

综合来看，不管是评分预测任务还是排序推荐任务，MFPS 模型都能以领先的优势胜于其余算法。

4.6.3.3 实验三：可扩展性验证

本章实验将在 MovieLens 1M 上进行，进一步验证 MFPS 算法是不以数据为导向的，且具有良好的可扩展性。最终结果也证实了这一结论。实验结果如表 4-9 所示。

表 4-9　　　　　不同算法的在不同评价标准下的结果

方法	MSE	Precision	Recall	NDCG
UserKNN[6]	45.011	0.067	0.667	0.402
ItemKNN[7]	1.915	0.066	0.656	0.39
P3alpha[10]	0.854	0.064	0.643	0.378
Rp3beta[11]	0.819	0.068	0.677	0.405
Puresvd[9]	0.746	0.07	0.69	0.429
NCF[4]	0.413	0.32	0.712	0.437
MFPS	0.576	0.072	0.736	0.441

实验结果分析：

从上述实验结果来看，NCF[61]由于具有良好的非线性拟合能力，因此在准度上远远领先一般的推荐方法。但是由于自身模型机制的问题，NCF 的可解释性不强，这也解释了实验所表现出来的在 Recall、NDCG 指标上 MFPS 模型表现要优于 NCF 的现象。

因此，实验三在实验二的基础上进一步证明了 MFPS 模型的稳定、高效、可扩展性好。

4.7 本章小结

本章在感知用户相似度的基础上进一步进行了理解研究，并从原因、特点、使用方法上详细解释了客观理解用户相似度。

因为在上一章中提到用户相似度的感知阶段主要围绕描述用户评分行为展开，对于刻画整体用户相似度具有一定的局限性，为了防止用户冷启动等问题，需要引入额外的一些属性数据，由此进入了用户相似度的深层理解阶段。

正如用户相似度感知阶段具有模糊性和多层次的特点一样，用户相似度理解阶段也具备稀疏性、全局性的特点。引入用户属性数据可以刻画用户自身画像，引入项目属性数据又可以描述用户对项目的兴趣爱好特征，上下文数据的引入则让二者得以动态地结合。这都是可以独立于用户评分行为完成的。在丰富数据源的同时，又可以缓解冷启动问题，在考虑局部用户评分行为后，又全局考虑用户相似度特征，因此能够得到一个较为全面、完善，且可解释性好的综合用户相似度模型。本章对前文的研究进行了实验检验，共进行了三组实验：实验一展现了相似度优化的过程，体现每一步优化步骤的重要性及必要性，并在实验过程中确定了重要的模型参数；实验二则是将模型与经典的传统模型 ItemKNN、UserKNN 以及 MCRec 等代表性的神经网络推荐算法进行比较，并从不同维度公正客观地评价实验结果；实验三则是在实验二的基础上进一步验证模型的稳定性，通过比较 MFPS 算法与其他模型的在不同数据集上的表现体现其性能。

从实验结果来看，实验一证明了随着相似度的不断优化，模型拟合能力是不断增强的，因此推荐效果逐步提升。与此同时，确定了最佳迭代次数为25次，权衡用户评分相似度和属性相似度的最佳权衡因子为0.15。而在实验二中，MFPS模型的预测精度和推荐准度都是远远领先于大部分推荐算法的，其中MSE值为0.924，Recall值为0.252，领先于剩余算法中最好结果的14.5%，NDCG值为0.360，NDCG更是领先于其他算法中效果最好的算法的32.8%。因此，不管是预测评分任务还是推荐排序任务，MFPS模型都能给人以公正、客观、满意且可解释性好的推荐。在实验三中，模型在预测准度上稍落后于NCF，但是由于可解释性好，因此在Recall和NDCG上分别领先于NCF 3.4%和0.92%，证明了具有可拓展性，算法性能好的特点。

本章参考文献

［1］袁正午，陈然.基于多层次混合相似度的协同过滤推荐算法［J］.计算机应用，2018，38（3）：633－638.

［2］Huynh H X，Phan N Q，Pham N M，et al. Context-similarity collaborative filtering recommendation［J］. IEEE Access，2020，8：33342－33351.

［3］Lee S，Song S，Kahng M，et al. Random walk based entity ranking on graph for multidimensional recommendation［C］. Proceedings of the Fifth ACM Conference on Recommender Systems，2011：93－100.

［4］He X，Chen T，Kan M Y，et al. Trirank：Review-aware explainable recommendation by modeling aspects［C］. Proceedings of the 24th ACM International on Conference on Information and Knowledge Management，2015：1661－1670.

［5］Ma H. An experimental study on implicit social recommendation［C］. Proceedings of the 36th International ACM SIGIR Conference on Research and Development in Information Retrieval，2013：73－82.

[6] Sarwar B, Karypis G, Konstan J, Reidl J. Item-based collaborative filtering recommendation algorithm [C]. Proceedings of the 10th International Conference on World Wide Web (WWW'01). ACM, New York, NY, 2001, 285 – 295.

[7] Zhang X X, Ma W M, Chen L P. New similarity of triangular fuzzy number and its application [J]. The Scientific World Journal, 2014: 1 – 7.

[8] Liu H, Hu Z, Mian A, et al. A new user similarity model to improve the accuracy of collaborative filtering [J]. Knowledge-Based Systems, 2014, 56: 156 – 166.

[9] Resnick P, Iacovou N, Suchak M, et al. GroupLens: an open architecture for collaborative filtering of netnews [C]. Proceedings of the 1994 ACM Conference on Computer Supported Cooperative Work, 1994: 175 – 186.

[10] Cooper C, Lee S H, Radzik T, et al. Random walks in recommender systems: Exact computation and simulations [C]. Proceedings of the 23rd International Conference on World Wide Web, 2014: 811 – 816.

[11] Paudel B, Christoffel F, Newell C, et al. Updatable, accurate, diverse, and scalable recommendations for interactive applications [J]. Acm Transactions on Interactive Intelligent Systems, 2016, 7 (1): 1 – 34.

[12] Hu B, Shi C, Zhao W X, et al. Leveraging meta-path based context for top-n recommendation with a neural co-attention model [C]. Proceedings of the 24th ACM SIGKDD International Conference on Knowledge Discovery & Data Mining, 2018: 1531 – 1540.

第 5 章

特征冲突对预测结果的影响

5.1 引 言

在传统算法中，特征工程是非常重要的。但随着数据来源增多，数据集越大，整理特征工程的工作难度也越大[1]。而在神经网络中，数据的处理依赖模型网络架构。随着模型的发展，面对海量的数据，对数据的拟合虽然越来越好，但增加数据的实时动态更新和复合神经网络的应用，数据来源也越来越多，不可避免地会产生数据间的冲突（攻击），导致数据的存储和分析都消耗大量的资源[2]。

处理冲突的方式可以通过判断多源交互信息之间的因果相关性的模型对多源特征进行梳理。不需要和传统模型一样，对数据进行大量的预处理再开始模型训练，也避免将多源数据直接输入神经网络进行由模型进行拟合。将数据以一种高效的机制作为模型的输入，因此融合模型对于数据预处理开销显著减少，应用场景较广。

5.2 冲突性的探索研究

在推荐系统开源的数据集中，除了包含物品和用户的序列显式数据外，还包括了隐式数据和辅助信息。目前很多推荐算法，都会将所有信息合并到物品的序列数据的表示中，融合的过程会改变物品信息的原始表示。

准确使用推荐系统中真实情景的交互信息[3][4] 是提高推荐系统性能的关键，但是这些复杂得多源信息之间的融合，容易产生信息干扰，反而让预测模型性能下降。而目前在主流的 SOTAs 模型中通常处理多源信息的方法是将其合并为一个向量（Embedding），然后输入序列化模型（sequential model）中。在合并的过程中会造成信息攻击（过载）的可能[5]。

如果改变产生了正面的促进[6][7]，会提升模型的性能。但如果数据融合产生了负面的干扰，会影响模型的效果，我们便称为多源信息的"攻击性"。如果能消除多源交互信息之间的攻击性，则可以进一步提高预测模型的性能。而消除信息攻击（过载）的核心是让挖掘策略能够净化数据中的冲突，而净化的难点在于：如果复合模型设计得过于简单，则对于多源信息收益的提取能力较差，关于此相近的工作抗干扰的策略有文献［5］，指出了以 BERT[8] 为代表的辅助信息建模上面存在的"攻击性"的问题，并采取了在注意力机制中的 V 向量中剔除了所有辅助信息的措施，会取得了一定的效果。具体来说，对于引入的多源辅助信息（side information）带来的收益，很有可能被项目时序带来噪声，经过过滤后而被消减，甚至还不如不引入多源辅助信息[9]。另外，文献［10］和文献［11］研究了如果模型设计得过于复杂，模型容易产生过拟合的问题。且计算开销较大，另外模型复杂也会导致收敛速度降低，在中小数据样本上效果不明显，还不如传统预测模型[12]。

因此，如何设计一个精巧的模型，核心能够判断多源交互信息之间的因果相关性是非攻击性序列化模型一个亟待解决的问题。

5.3　多源特征的冲突性减弱方案

推荐系统的数据按定义可划分为"显式数据"和"隐式数据"。显示数据包括了数据集中常见的用户、物品、类别等行为序列数据。而隐式数据是指不属于行为序列数据的辅助信息范畴都属于隐式数据，例如，浏览量、点击量、是否关注、是否分享、是否购买等。因此多源特征主要是指除序列数据外的辅助信息。辅助信息的增加有助于推荐性能的提升，但需要把所有的信息融合为一个向量，因为推荐模型的全连接层只能接受一个向量的输入，所以对于多源特征对性能的提升需要研究以下两方面的内容：第一，特征之间融合存在正负冲突，如何趋利避害？第二，性能提升需要根据评价标准对多源特征进行取舍，如何量化标准？如图 5 - 1 所示。

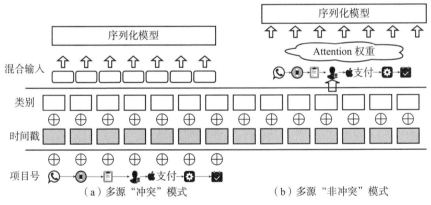

图 5 - 1　多源输入数据"冲突"与"非冲突"性输入的处理方式对比

默认的模型（如图 5 - 1a）属于"冲突"模式类型，将类别、时间戳、项目编码等辅助信息直接混合作为 Embedding 输入序列化模型中，这样不仅会造成信息过载，而且对推荐性能评价造成无法解释的冲突。为此，本书为了协调不同的数据源互相干扰，采用对输入信息根据因果关联的方式，赋予权重的输入排序（如图 5 - 1b），减弱了目前数据源无论在传统方法或者是深度学习中互相产生的冲突性，为网络结构和特征工程提供指导。

数据特征可以有很多来源（如辅助信息等），但模型的输入只能有一个入口，所以常见的做法是将行为序列与辅助信息这些高维、稀疏特征分别Embedding 成多个低维向量，多个低维向量再融合成一个更"大"的向量作为用户兴趣的表示，常见的融合方式有三种：相加、拼接和加权。

如果将显式数据和隐式数据"直接"合并（即相加和拼接），虽然可以做到把所有的信息用一个向量表示，但是会导致隐式数据不可逆的融合（攻击）到显式数据的商品编码，导致模型的深层越来越难以利用原始的项目信息进行解码发现规律。所以在很多时候，向模型中加入更多新的辅助信息，实际上给模型带来的提升很小，有时甚至会让模型变得更差。

因此，在数据挖掘阶段，如何更好地引入非攻击方式，最终提高推荐准度是本次方案的重点。本书中构造多源特征非攻击性的方案，具体来说方案是分为两层的二维逻辑：利用辅助信息对序列进行更有效建模的同时，又保持嵌入空间的一致性。

5.3.1 数据物理性分类

首先，从利用辅助信息建模来说不一定在模型的每一层有用，有的可能更适合浅层的学习，有的可能更适合在深层发挥作用。如果辅助信息不加区别地送入所有层，那么随着网络层的加深，很多信息到最后可能修改（污染）得面目全非，所以需要控制信息源纯净，即我们期望对输入的内容做因果排序（知识图谱）控制，最终提高 Q、K 和 V 工作效率。

为了净化多源输入，防止攻击，与默认自注意力方法相比，如图 5-2a 所示，我们将输入的信息物理性地一分为二，一部分只含物品项目的 Embedding 信息，另一部分将"显式数据"和"隐式数据"通过加权的方式融合后的信息，如图 5-2b 所示。即从物理层面阻断了辅助信息对项目的 Embedding 信息的入侵。

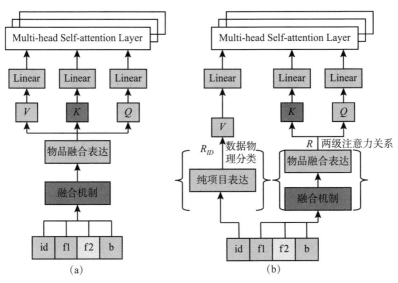

图 5 - 2　数据的物理性分类

未经处理的数据，在默认注意力机制融合下，如公式（5 - 1）所示：

$$S = \mathrm{ATT}(Q, K, V) = \mathrm{softmax}\left(\frac{QK^T}{\sqrt{d}}\right)V \tag{5-1}$$

而图 5 - 2a 输入的 Q，K，V 向量都由 Embedding 产生，即物品的嵌入向量 X 计算而来，如公式（5 - 2）所示：

$$Q = W_Q \times X, \quad K = R_W \times X, \quad V = W_V \times X \tag{5-2}$$

其中，W_Q，W_K，W_V 三个矩阵都是可学习矩阵，它们不是针对某一个物品的嵌入向量的，计算所有物品的 Q，K，V 向量时都要用这三个矩阵。在本书中输入的 Q，K，V 向量分为两类（R，R_{ID}），即图 5 - 2b R_{ID} 部分，原有的注意机制计算方式改为如公式（5 - 3）所示：

$$Q = W_Q \times R, \quad K = W_K \times R, \quad V = W_V \times R_{ID} \tag{5-3}$$

同时，对（R，R_{ID}）中的 R 部分，即"显式数据"和"隐式数据"融合，设计了两级的注意力关系机制进一步来挖掘推荐系统中多项关系，因为目前的拼接方法虽然很有效率，但是很宏观、粗粒度，而且缺乏具体语义，在现实中，拥有具体语义的项目之间存在多种关系，如果不对物品之间的这种细粒度的关系进行挖掘，很难说明用户决策的原因。因此本书设计的动机在于：用户倾向为不同类型的关系支付不同的权重。

例如，电影 M_1 和电影 M_2 的关系类型是"战争"，而关系值是"导演"，关系值为仔细检查用户的偏好时提供重要线索，因为用户在作出决定时可以不同地权衡不同关系的不同值，用户 A 和用户 B 看完同一部电影 M 后，用户 A 点赞了导演，也许选择此导演另一部作品接下来看，用户 B 喜欢这类题材，于是选择同一类题材继续看下去。因此，我们将项目如 (i, j) 之间的关系表示为一个具有两级 $\langle t, v \rangle$ 层次的关系 r，如图 5 - 2b 所示。

第一级：关系类型 t。例如：电影共享导演、类型。以抽象的方式描述了项目之间如何关联。

第二级：关系值 v。给出两个项目的共享关系的详细信息。

具体来说：第一级注意力计算结果 a_u^t 是检查连接交互项与目标项的关系的类型，并区分哪些类型对用户影响更大。第二级注意力计算结果 s_{ui}^t 是对每个关系类型下的交互项进行操作，以估计交互项目在推荐中的贡献。故上述"显式数据"和"隐式数据"的融合 Embedding 可以表示如公式（5 - 4）所示：

$$R_{ID} = bias + \sum_{t \in T}^{n} a_u^t s_{ui}^t \tag{5-4}$$

其中，T 为所有的关系类型，a_u^t 是计算不同关系类型 t 对用户重要性结果，s_{ui}^t 是根据和用户 u 有关的项目集合中，和项目 i 有关系 t 的项目集合的配置文件 v，实则计算关系值 v 对推荐的贡献，最后 $bias$ 表示常数项的偏差。

综上所述，在数据挖掘部分，用户的历史数据由两个集合表示，纯项目 Embedding(V) 即 R_{ID} 部分以及集成的"显式数据"和"隐式数据"作为的 Embedding(K, Q) 即 R 部分。其中 K，Q 根据项目之间的关系"内容"（value）和"类型"（type）进行二次关系整理从而提高 Q、K 和 V 工作效率。

5.3.2　传播式加权融合

另外，从兴趣融合来说，之前我们提到融合的方式有三种：相加、拼接、加权。我们采取的是第三种方式：加权。根据每个项目的融合兴趣序列对于其他项目融合的兴趣序列的相关性，进行加权处理。这样既没有污染项目的兴趣序列的表示，同时也考虑了辅助信息带来的收益。在模型中保证了每一层 V 向量都是不同位置上项目信息的线性加权，从而始终保证了每一层输出项目信息都在一致的向量空间，如图 5 - 3 所示。

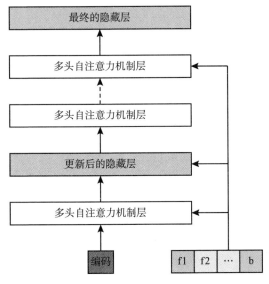

图 5 - 3　传播式加权融合

和以往的加权方式区别在于，我们设想在加权的处理中融入了知识图谱（KG）的方法来实现数据更一致性的融合。我们假设 KG 类似一个平静的湖面，而用户的历史行为类似雨滴滴入平静的湖面，则会荡起涟漪，引入 KG 的目的就是参考涟漪传播规律模拟出权重设置规律。即多源信息的权重设置类似于物理中点扩散的过程，从而体现一致性的融合。

用户对项目的 KG 是以 (h, r, t) 三元组的形式组织起来的，其中 h 是 head，r 是 relation，t 是 tail，h 和 t 分别代表一条关系的头节点和尾节点。在 KG 中融入的信息设置权重（概率计算）的核心思想是：多源信息的融合结果由用户对项目的操作历史 ε_u 进行激活，然后沿着 KG 中的连接，由近到远逐层传播。为了避免涟漪过大（权重扩散），会设定一个 k 的最大值进行截断。那么权重的强度随着 k 的增加而降低，如公式（5-5）所示。

$$S_u^k = \{(h, r, t) \mid (h, r, t) \in G \text{ and } h \in \varepsilon_u^{k-1}\} \qquad (5-5)$$

输出概率的策略是：对于任何第（$k-1$）跳的信息传向 k 跳，传播的强度由（$k-1$）跳的信息向量以及 r 三者共同决定（即 S_u^k），并输出在传播强度下的权重和 p_i，如公式（5-6）所示：

$$p_i = \text{softmax}(v^T R_i H_i) = \frac{\exp(v^T R_i H_i)}{\sum\limits_{(h,r,t) \in S_u^k} \exp(v^T R H)} \qquad (5-6)$$

其中，v 表示操作历史，R_i 和 H_i 是关系 r_i 和 S_u^k 的头部 h 嵌入，则最终融合的结果 F_{weight} 为公式（5-7）所示：

$$F_{weight}(f_1, f_2, \cdots, f_m) = \sum_{i=1}^{m} p_i f_i \qquad (5-7)$$

综上所述，这种偏好传播的权重融合方式丰富了用户 Embedding 的嵌入，能够更好地整合用户信息的融合。

5.4　本章小结

多源信息可以通过因果关联的方式进行非攻击性融合。不需要和传统模型一样，对数据进行大量的预处理再开始模型训练；也避免将多源数据直接输入神经网络进行由模型进行拟合。将数据以一种高效的机制作为模型的输入，因此融合模型对于数据预处理开销显著减少，应用场景较广。

本章参考文献

［1］Chen Y, de Rijke M. A collective variational autoencoder for top-n recommendation with side information ［C］. Proceedings of the 3rd Workshop on Deep Learning for Recommender Systems, 2018: 3-9.

［2］Yang X, Guo Y, Liu Y, et al. A survey of collaborative filtering based social recommender systems [J]. Computer Communications, 2014, 41: 1-10.

[3] 高全力, 高岭, 杨建锋, 等. 上下文感知推荐系统中基于用户认知行为的偏好获取方法 [J]. 计算机学报, 2015, 38 (9): 1767-1776.

[4] Ni Y, Ouyang S, Li L, et al. Collaborative filtering with implicit feedback via learning pairwise preferences over user-groups and item-sets [J]. CCF Transactions on Pervasive Computing and Interaction, 2022: 1-13.

[5] Yang L, Cao J, Tang S, et al. Run time application repartitioning in dynamic mobile cloud environments [J]. IEEE Transactions on Cloud Computing, 2014, 4 (3): 336-348.

[6] Liu C, Li X, Cai G, et al. Non-invasive self-attention for side information fusion in sequential recommendation [J]. arXiv Preprint arXiv: 2103. 03578, 2021.

[7] Zhang W, Du Y, Yang Y, et al. DeRec: A data-driven approach to accurate recommendation with deep learning and weighted loss function [J]. Electronic Commerce Research and Applications, 2018, 31: 12-23.

[8] Devlin J, Chang M W, Lee K, et al. Bert: Pre-training of deep bidirectional transformers for language understanding [J]. arXiv Preprint arXiv: 1810. 04805, 2018.

[9] 印鉴, 王智圣, 李琪, 等. 基于大规模隐式反馈的个性化推荐 [J]. 软件学报, 2014 (9): 1953-1966.

[10] Xing S, Liu F, Zhao X, et al. Points-of-interest recommendation based on convolution matrix factorization [J]. Applied Intelligence, 2018 (48) 8: 2458-2469.

[11] Xing S, Liu F, Zhao X, et al. A hierarchical attention model for rating prediction by leveraging user and product reviews [J]. Neurocomputing, 2019 (332): 417-427.

[12] Koren Y. Collaborative filtering with temporal dynamics [C]. Proceedings of the 15th ACM SIGKDD International Conference on Knowledge Discovery and Data Mining, 2009: 447-456.

第6章

用户长短期偏好的动态模型

6.1 引　言

　　近些年序列化推荐在推荐模型中占据了重要的地位，引入注意力机制后，模型能够更好地学习到用户长期的序列依赖，从而捕捉其长期的兴趣变换。但这些模型如 SASRec[1] 往往可能会丢弃时间戳信息，只要保持某种顺序，时间间隔被视为是等价的。然而这与事实不符，相隔更近的两个物品间一定会比相隔更远的两个物品间有更重要的上下文关系，因而利用这些时间间隔信息就显得非常重要。TiSASRec[2] 改进了这一点，但它对位置和时间等信息的嵌入形式较为简单，对于各种嵌入表示的探索不够充分，也没有区分用户的短期兴趣和长期兴趣的转换。探索用户和物品交互行为信息（如时间间隔信息）的多种嵌入表示，并考虑如何结合这些嵌入向量，都便于我们的推荐模型充分提取不同的模式，发掘出更复杂更蕴含的信息。因此，本章提出一种多重（multiple）信息（information）嵌入（Embedded）的长短期自注意力（long-short self-attention）模型，即 MIE-LSS 模型，能够更精准地区分用户阶段性偏好。

6.2　模 型 介 绍

对于本章的模型，我们需要用到的模型参数的记号，如表 6 − 1 所示。

表 6 − 1　　　　　　　　　　推荐模型参数的记号

网络参数记号	网络参数项
U, I	用户集和物品集
s^u	用户的历史交互物品序列
t^u	用户的历史交互时间戳序列
R^u	用户历史交互的时间间隔矩阵
d	嵌入向量的维度
N	物品总数
n	用户交互行为序列长度
c	所有物品覆盖的日期数
M	所有物品的嵌入矩阵
M^{Day}, M^{Pos}, M^{Cons}	所有物品的日期、位置、常嵌入矩阵
E^{Long}, E^{Cur}	长短期物品嵌入矩阵
E^{Day}, E^{Pos}, E^{Cons}	绝对信息嵌入矩阵
E^{Time}, E^{Tri}, E^{Log}, E^{Gauss}	相对信息嵌入矩阵
Z	自注意力机制及前馈网络输出矩阵
W_1, W_2	前馈网络的权重矩阵
b_1, b_2	进入前馈网络的物品偏置
r	自注意力块的数目

首先，我们假设物品的总量为 N，对于任意一个用户 $u \in U$，它的交互行为序列长度为 n，意味着有 n 个最近交互的物品，其中 $n \leq N-1$。若其所有的交互行为历史记录长度大于 n，则选取近 n 个；若历史记录长度不足 n，则将缺失的物品用 0 向量补齐，因此得到用户的历史行为序列 $s^u \in \mathbb{R}^n$。我们初始化一个物品的嵌入矩阵 $M \in \mathbb{R}^{N \times d}$，其中嵌入向量的维度是 d，则对于该用户来说，有属于该用户交互行为序列的嵌入矩阵 $E \in \mathbb{R}^{n \times d}$。我们可以用这样的 E 去作为该用户的嵌入矩阵刻画该用户。当然我们可像 SHAN 模型[18]那样单独设置用户嵌入矩阵，但若缺少用户或物品本身的特征信息作为补充，此类模型仅仅通过用户物品交互行为来进行分析则此做法意义不大，因为用户的所有信息都来自它对物品的交互，自然其表示也可以用物品的表示来表示。对于用户 u 的 s^u，对应的时间戳序列记为 $t^u \in \mathbb{R}^n$，若将相互的时间戳两两相减，便得到了时间间隔的矩阵 $R^u \in \mathbb{R}^{n \times n}$，当然为了方便计算和对每个用户统一，我们这里采用归一化（normalization）的技巧，对所有 R^u 的元素求得最小值 $r^u_{\min} = \min(R^u)$ 和最大值 $r^u_{\max} = \max(R^u)$ 后将其范围限制为 $r^u_{ij} = \dfrac{|t_i - t_j|}{r^u_{\max} - r^u_{\min}}$。

接下来是模型的核心。我们使用自注意力（attention）机制，在第 3 章中曾经介绍过，自注意力机制有 Query 向量、Key 向量和 Value 向量。其中 Query 向量是解码器向量、Key 向量和 Value 向量都是编码器中获得的向量。不同于 NLP 中常常选用相同向量，此模型使它们差异化。模型的嵌入矩阵分为物品本身嵌入矩阵、绝对信息嵌入矩阵和相对信息嵌入矩阵。按照 SHAN 模型的做法，我们从正态分布中取值初始化这些矩阵。

和 STMP 模型[5]相似，物品本身嵌入矩阵体现了用户长短期兴趣的思想，最近交互行为的物品组成的嵌入矩阵作为短期嵌入矩阵 E^{Cur}，时间稍长些的交互行为的物品组成的嵌入矩阵则作为长期嵌入矩阵 E^{Long}，它们都来自所有物品的嵌入矩阵 M。

作为补充，我们将所有物品的日期和位置分别保存成 $M^{Day} \in \mathbb{R}^{c \times h}$ 和 $M^{Pos} \in \mathbb{R}^{N \times h}$ 的绝对信息嵌入矩阵，其中 m 是所有物品覆盖的日期数。对单个用户来说，其行为序列的 n 个物品组成的相应嵌入矩阵是 E^{Day} 和 E^{Pos}。常嵌入矩阵

$M^{Cons} \in \mathbb{R}^{1 \times h}$ 和位置嵌入矩阵类似，但是对所有物品都是相同的，目的是减少位置嵌入矩阵带来的偏置。对单个用户来说，其行为序列的 n 个物品组成的相应嵌入矩阵 E^{Cons} 则是 n 个重复的向量。

相对信息嵌入矩阵则包含对相对时间信息的各种处理。对于单个用户的行为序列的 n 个物品，考虑它们的两两交互，则可以形成一个尺寸为 $n \times n$ 的矩阵，该矩阵的元素是个 d 维嵌入向量，因此是一个 $n \times n \times d$ 的三维矩阵。因此，我们对其采用不同的操作方式来提供多种不同的独特嵌入，便可得到不同的嵌入矩阵。

对于时间间隔矩阵 R^u 中的元素 r_{ij}^u，易见其取值范围为 $[0, 1]$。因此一个自然的想法是使用三角函数编码。根据 Transformer 机制采用位置的经验，我们使用正弦函数和余弦函数对位置作编码，使模型具有捕捉顺序序列的周期性的能力，则有编码公式：

$$PE_{tri}(ij, 2k) = \sin\left(\frac{r_{ij}^u}{coef^{\frac{2k}{d}}}\right) \qquad (6-1)$$

$$PE_{tri}(ij, 2k+1) = \cos\left(\frac{r_{ij}^u}{coef^{\frac{2k}{d}}}\right) \qquad (6-2)$$

式中，ij 表示单词的位置；k 表示单词的维度。对于每个 $(i, j, k) \in \mathbb{R}^{n \times n \times d}$，我们都可以根据上式得到该单词的值。其中 $coef$ 是人为设定的系数，我们可以参照默认设置选择 10000。

除了三角函数编码，我们还可采用对数函数处理，限制时间间隔大小对模型影响增加和衰减的速度。由于我们有估计式：

$$\log(1+x) \approx x, \ x \to 0 \qquad (6-3)$$

故我们可以采用：

$$PE_{\log}(ij, k) = \log\left(1 + \frac{r_{ij}^u}{coef^{\frac{k}{d}}}\right) \qquad (6-4)$$

将该编码的值域限制在一定范围内。

由于高斯函数是正态分布的密度函数，我们还可添加高斯函数作为编码函数，由于正态分布的函数满足：

$$f(x;\ \mu,\ \sigma) = \frac{1}{\sigma\ \sqrt{2\pi}}\exp\left[-\frac{(x-\mu)^2}{2\sigma^2}\right] \qquad (6-5)$$

式中：μ 表示均值；σ 表示方差。因此我们设计编码的高斯函数为：

$$PE_{Gauss}(ij,\ k) = \frac{1}{coef^{\frac{k}{d}}\ \sqrt{2\pi}}\exp\left[-\frac{(r_{ij}^u)^2}{2\ (coef^{\frac{k}{d}})^2}\right] \qquad (6-6)$$

这样对于 i，j 两个方向，编码的嵌入向量的离散值都近似符合正态分布。如上我们便得到了多样化的绝对信息和相对信息的嵌入矩阵供自注意力机制使用。我们的自注意力机制使用多个不同的注意力头（这里设定为 4 个）将自注意力机制输出的矩阵连接在一起，得到大的特征矩阵后，再输入前馈网络中进行下一步处理。前馈网络层进行一系列处理后，最终的预测得分层是使用其输出矩阵中每个物品的向量对所有物品的嵌入向量做内积后，得到所有物品的得分，进而根据得分选择下一个要推荐的物品。

根据以上的思路，我们模型的整体架构如图 6-1 所示。

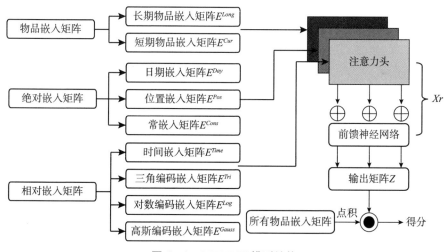

图 6-1　MIE-LSS 模型结构

使用上述自身、绝对和相对信息嵌入矩阵则是我们模型自注意力机制的核心。我们将 E^{Long} 和 E^{Cur} 按隐藏维拼接起来作为物品本身的部分，将 E^{Day} 和 E^{Pos} 分别与 E^{Cons} 相加并且按隐藏维拼接起来作为绝对信息的部分得到 $E^{Day_{new}}$ 和

$E^{Pos_{new}}$，将它们整体按隐藏维拼接起来，得到初始化的 Query 矩阵 Q^A、Key 矩阵 K^A 和 Value 矩阵 V^A。即：

$$E^A = \text{MultiHead}(Q^A,\ K^A,\ V^A) = \text{Concat}(E^{Long},\ E^{Cur},\ E^{Day_{new}},\ E^{Pos_{new}})$$

$$(6-7)$$

但是我们还要利用相对信息，将时间嵌入矩阵和上述三种编码函数的嵌入矩阵按隐藏维拼接起来作为相对信息的部分。但对于相对信息，我们只使用作为 Key 矩阵的 K^R，即：

$$E^R = \text{MultiHead}(Q^R) = \text{Concat}(E^{Time},\ E^{Tri},\ E^{Log},\ E^{Gauss}) \qquad (6-8)$$

因此，这些嵌入矩阵的多头自注意力机制的结构如图 6-2 所示。

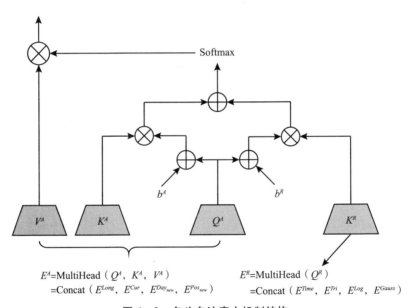

图 6-2　多头自注意力机制结构

显然，由于 E^{Long}、E^{Cur}、E^{Day}、$E^{Pos} \in \mathbb{R}^{n \times d}$，而 E^{Time}、E^{Tri}、E^{Log}、$E^{Gauss} \in \mathbb{R}^{n \times n \times d}$，将它们沿着隐藏维拼接起来则可以得到 $E^A \in \mathbb{R}^{n \times 4d}$、$E^R \in \mathbb{R}^{n \times n \times 4d}$。我们将 E^A 中的每个向量元素分别记作：

$$E_Q^A = \begin{bmatrix} \mathbf{p}_1^q \\ \mathbf{p}_2^q \\ \vdots \\ \mathbf{p}_n^q \end{bmatrix} E_K^A = \begin{bmatrix} \mathbf{p}_1^k \\ \mathbf{p}_2^k \\ \vdots \\ \mathbf{p}_n^k \end{bmatrix} E_V^A = \begin{bmatrix} \mathbf{p}_1^v \\ \mathbf{p}_2^v \\ \vdots \\ \mathbf{p}_n^v \end{bmatrix} \qquad (6-9)$$

同理，我们将 E^R 中的每个向量元素记作：

$$E_K^R = \begin{bmatrix} \mathbf{r}_{11}^k & \mathbf{r}_{12}^k & \cdots & \mathbf{r}_{1n}^k \\ \mathbf{r}_{21}^k & \mathbf{r}_{22}^k & \cdots & \mathbf{r}_{2n}^k \\ \vdots & \vdots & & \vdots \\ \mathbf{r}_{n1}^k & \mathbf{r}_{n2}^k & \cdots & \mathbf{r}_{nn}^k \end{bmatrix} \qquad (6-10)$$

则根据自注意力机制的公式，输出矩阵 $Z = (\mathbf{z}_1, \mathbf{z}_2, \mathbf{z}_3, \cdots, \mathbf{z}_n) \in \mathbb{R}^{n \times 4d}$ 可以表示为：

$$\mathbf{z}_i = \sum_{j=1}^n \alpha_{ij} \mathbf{p}_j^v \qquad (6-11)$$

其中的系数 α_{ij} 满足：

$$\alpha_{ij} = \frac{\exp e_{ij}}{\sum_{k=1}^n \exp e_{ik}} \qquad (6-12)$$

$$e_{ij} = \frac{\mathbf{p}_i^{qT}(\mathbf{r}_{ij}^k + \mathbf{p}_j^k)}{\sqrt{d}} \qquad (6-13)$$

在计算的过程中，为了防止信息泄露（information leak），我们需要使用自注意力机制的遮盖，当 $i < j$ 时，断开 $Q_i = p_i^q$ 和 $K_j = r_{ij}^k + p_j^k$ 的联系，将矩阵中这些元素设置为 0，避免后面的序列物品提前获得前面的信息。

接着我们将输出矩阵 Z 经过前馈网络，我们在前馈网络中使用两层网络，第一层使用 GELU 激活函数增加非线性，第二层则直接使用线性函数，则表达式可写为：

$$\mathrm{FFN}(\mathbf{z}_i) = \mathrm{GELU}(0, \mathbf{z}_i W_1 + b_1) W_2 + b_2 \qquad (6-14)$$

式中，和式（6-13）相同，W_1、W_2、b_1、b_2 分别为两个全连接层的嵌入矩阵和偏置。在这里，仍旧是依照 SHAN 模型的做法，我们从均匀分布中初始化矩阵 W_1 和 W_2。最后，我们在 FFN 中使用 LayerNorm 层训练技巧使神经网络每一层的输入保持相近的分布，使用 Dropout 层训练技巧缓解模型的过拟合，起到正则化，增强模型的泛化性的效果，并且将 LayerNorm 层放在后面，即：

$$Z_i = \text{LayerNorm}\{\text{Dropout}[\text{FFN}(\mathbf{z}_i)]\} \tag{6-15}$$

我们将以上的网络层整体称作一个自注意力块（block），但仅仅使用一个自注意力块被证明会导致模型的学习和表达能力有所欠缺，因此借鉴 Transformer 机制，我们使用多个自注意力块，这些自注意力块间是串行的，前一个块的结果作为后一个块的输入，我们将这个块的数目用 r 表示，将经过 r 个块后的输出矩阵表示为 $Z^{(r)}$。

在最后的预测部分，如上所述，我们只需要将最后输出矩阵 $Z^{(r)}$ 中最后一个位置所在物品的向量 $\mathbf{z}_n^{(r)}$ 和所有物品的嵌入向量做内积运算后，便可得到所有物品的得分：

$$R_i = (\mathbf{z}_n^{(r)})^{\text{T}}\mathbf{m}_i \tag{6-16}$$

式中，$\mathbf{m}_i \in \mathbb{R}^{4d}$ 是物品嵌入矩阵 M 中属于物品 i 的嵌入向量。接下来对所有物品的得分进行排序，自然可以选择出我们应该推荐的下一个物品。

6.3 模型训练、测试和度量

在模型训练的过程中，我们对每一个时间节点的物品都进行训练。我们定义一个序列为 e^t，即在时刻 t 时期望的物品，很显然当 $s^t \neq 0$ 时，我们有 $e^t = s^{t+1}$，$t = 1, 2, \cdots, n$。我们在计算时忽略所有不存在的用 0 补齐的物品，那么我们的损失函数可以定义为：

$$L = -\sum_{u \in U}\sum_{t \in [1,2,\cdots,n]}\left\{\log[\text{Sigmoid}(R_{o_t})] + \sum_{j_t \notin s^u}\log[1 - \text{Sigmoid}(R_{j_t})]\right\}$$
$$+ \lambda_1\sum_{W_1 \in S_1}\|W_1\|_F^2 + \lambda_2\sum_{W_2 \in S_2}\|W_2\|_F^2 \tag{6-17}$$

其中，Sigmoid 函数定义为：

$$\text{Sigmoid}(x) = \frac{1}{1 + e^{-x}} \tag{6-18}$$

式中，o_t 表示对该用户在 t 时刻的期望输出，即下一时刻的真实输出；$j_t \notin s^u$ 表示不在该用户接下来的行为序列中挑选负样本。对所有用户来说，我们都希望其真正下一个交互的物品的得分很高，而其没有选择下一个进行交互的物品的得分很低，同时我们使用 Sigmoid 函数将所有的得分都调整到（0，1）区间内，从而保证对数函数的值为负，整个损失函数为正值，具有最小值。至于第二项和第三项是正则化项，集合 S_1、S_2 表示所有用户的物品本身嵌入矩阵、绝对信息嵌入矩阵和相对信息嵌入矩阵，在这里可以用 $S_1 = (E_Q^A, E_K^A, E_V^A)$，$S_2 = E_K^R$ 来表示。其中，$\|\cdot\|_F$ 表示矩阵的 Frobenius 范数。我们通过改正则项使得矩阵表示尽量不那么"复杂"，从而增强模型的泛化性。在实践中，由于若对每个 $j_t \notin s^u$ 的物品都求和，计算量过大也过于烦琐，我们采用小样本（mini-batch）的思想从物品中抽样，甚至可以只抽取一个负样本代入公式（6-17）中计算。同样地，对每个时间节点的物品都进行训练效率也较为低下，我们采用抽签的思想，有概率 p 对这些 $t \in [1, 2, \cdots, n]$ 的物品进行抽样训练。

对于训练好的模型，我们在数据集上训练后需要测试评估模型的效果。我们采用主流的 top-N 推荐的度量指标 HR@N 和 NDCG@N，前者表示在推荐的前 10 个物品中存在真正应该被推荐的物品的概率。而后者则是更加精细化的度量指标，对更靠前的位置赋予了更高的权重。

然而本章的模型对上述 NDCG 度量指标进行了改进。标准的 NDCG 指标是对一个用户来说，将所有的推荐结果列表中的物品和该用户真实的感兴趣的物品按照相关度作加权求和，但这适用于用户较少，物品较多的情况下。在我们的数据集中有很多用户，考虑推荐列表中一大堆物品的相似度后再对所有用户求和则过于繁琐，我们可以利用较多用户的优势，只对每个用户真实感兴趣的物品在推荐结果列表中的排序作为"位置"，此时相关度设定为 1，对所有的用户求和，表达式为：

$$\text{NDCG}_U = \sum_{u \in U} \frac{1}{\log(rank_u + 1)} \qquad (6-19)$$

式中，$rank_u$ 表示用户 u 真正感兴趣的物品在推荐列表中的排名。我们实际在测试过程随机选取 1 个正样本和 k 个负样本将它们按得分排序，考虑这个正样本是否存在于前 N 名中来计算 HR@N，并按照公式（6-19）计算 NDCG@N。当然，对于公式（6-19），仍可有其他改进，例如，对于分子，我们可仿照 NDCG 的做法，采用对 $rank$ 的某种加权形式。也可以使用阶梯函数，因为若物品出现在列表中，其在一定范围内的具体排序可能并不重要，例如，首页推荐只要出现在首页，某种程度上可以认为都是可以一眼看到，因而是等价的，但不需要翻页的首页和需要翻页的第二页差距较大，所以可以将对得分的 $rank$ 按照阶梯函数的思想分段，段内权重相同，但整体仍体现加权的思想。

6.4 MIE-LSS 实验结果及分析

6.4.1 数据集介绍

我们将通过仿真实验，在典型的常见视频相关推荐数据集上验证我们推荐模型的有效性。我们选择两个电影观看数据集 MovieLens[16] 和 Amazon 的 Movies & TV[17]，同时补充电商购物网站 Amazon 的用户购买数据集 Video Games[17] 和 Beauty[17]。其中 MovieLens 是经典的电影数据集，由用户对电影的评分组成，每条评分记录由用户的编号、电影的编号、用户给予的评分值和时间戳记录四元元组组成。我们所述 MovieLens 均默认为 MovieLens-1M 子数据集。在此数据集中，用户可选择喜爱度的评分范围从低到高为 1~5 分。其评分信息示例，如表 6-2 所示。

而后面 3 个数据集都是从 Amazon 官网的用户记录中得到的，其每条记录的组成和 MovieLens 类似，也是由用户物品编号评分值和时间戳 4 项构成。这 4 个数据集的共同特点是其稀疏性。以 MovieLens 为例，MovieLens 有 3416 个物品，用户平均记录数却只有 163.5 条，相当于有效率仅为 163.5/3416 = 4.79%，这意味着其稀疏度高达 95.21%，是高度稀疏的数据集。4 个数据集的基本数据特征如表 6-3 所示。对于交互记录少于 5 次的用户和交互记录少

表 6 – 2   MovieLens 数据集评分信息示例

用户编号	电影编号	评分值	时间戳
196	242	3	881250949
186	302	3	891717742
22	377	1	878887116
166	346	1	886397596

表 6 – 3   实验数据集信息

数据集名称	用户数	物品数（个）	平均用户记录数（条）	记录数量（万条）
MovieLens	6040	3416	163.5	98.7
Amazon Movies & TV	40928	37564	25.55	105
Amazon Video Games	30935	12111	6.46	20
Amazon Beauty	51369	19369	4.39	22.5

于 5 次的物品，我们认为他（它）们的交互行为有较大的偏差和不可预见性，因此将他（它）们作为冷启动用户和物品剔除。

6.4.2 实验设置与对比模型

在第 4 章中，我们有一些参数需要在实验前手动指定，而这些参数的大小也极大地影响我们模型的表现，需要经过仔细的调优才能确定，我们在实验中确定它们的值，如表 6 – 4 所示。

表 6 – 4   MIE-LSS 模型参数设置

MIE-LSS 模型设置项	MIE-LSS 模型设置值
批尺寸	128
学习率 η	0.001
用户行为序列长度的最大值 n	200

续表

MIE-LSS 模型设置项	MIE-LSS 模型设置值
嵌入向量的维度 d	64
自注意力块的数目 r	2
训练轮数	200
Dropout 层的率	0.2
正则化参数 λ_1，λ_2	0.00001
短期兴趣天数 m	3
三角函数编码系数 $coef$	10000
测试评估所取负样本个数 k	100
训练抽样概率 p	0.2
优化器	Adam
初始化方法	Xavier

为了评估 MIE-LSS 模型的有效性，本章将 MIE-LSS 模型与一些经典的推荐模型进行对比，来探讨其推荐性能。对比模型如下所列：

（1）POP 模型：即 popularity 的简写，最原始的模型。所有的物品仅仅根据它们在用户训练集中出现的次数进行排序，即用户进行交互行为次数的多寡。

（2）BPR 模型[18]：贝叶斯个性化排序模型。这是一种比较一般性的物品推荐模型，主要用到矩阵分解技术。

（3）FPMC 模型[6]：此模型结合了矩阵分解和一阶马尔科夫链，属于组合推荐，能捕捉到用户的长期偏好和兴趣转换。

（4）GRU4Rec + 模型[10]：此模型使用基于 RNN 的序列化推荐建模用户行为的顺序依赖关系，和其前身 GRU4Rec 相比，采用了不同的损失函数和采样策略。

（5）Caser 模型[7]：此模型可以将最近一系列的物品嵌入时间和空间上的某种"图像"中。

（6）MARank 模型[3]：这是一种较为先进的模型，使用多阶注意力排序模型对用户物品交互建模，分为长期兴趣的通用推荐和短期兴趣的序列化推荐，捕捉了一对一和多对一的依赖关系。

（7）TiSASRec 模型[2]：它使用了类似 Transformer 的机制研究用户序列行为，在序列化推荐中有较好的性能。

（8）BERT4Rec 模型[4]：深度双向自注意力模型。它在 NLP 中表现非常出色，左右的上下文信息都能利用。

（9）MIE-LSS 模型：本章提出的多重信息嵌入的长短期自注意力模型。

6.4.3 实验结果与分析

表 6-5 和表 6-6 显示了在我们所选择的 4 个数据集上各模型的基本实验效果。可以看出，在基线模型中，BERT4Rec[11] 模型具有最先进的性能。对于相对较为稠密的数据集，基于神经网络的模型比基于马尔科夫链的模型有着天然的优越性，因为它们具有更强的捕捉长期序列模式的能力。而我们的 MIE-LSS 模型无论在较为稀疏的数据集或是在较为密集的数据集上都优于最佳的基线模型。这得益于，一方面，我们的模型充分利用了自注意力机制的优点，可以对不同的物品使用不同的权重处理，同时利用了绝对信息和相对信息；另一方面，我们的模型挖掘了这些信息的多种嵌入的编码方式，从而挖掘出更复杂更蕴含的信息。我们接下来会分别讨论这两个方面的效果。

表 6-5　　　　　　　　各模型在 NDCG@10 度量指标上的效果

数据集名称	POP	xBPR	FM PC	GRU 4 Rec +	Caser	MAR ank	TiSASR ec	BERT4 Rec	MIE-LSS （本书）
MovieLens	0.062	0.236	0.344	0.406	0.427	0.432	0.437	0.481	0.523
Amazon Movies & TV	0.092	0.238	0.299	0.277	0.275	0.373	0.388	0.428	0.467
Amazon Video Games	0.073	0.152	0.184	0.199	0.205	0.233	0.313	0.342	0.386
Amazon Beauty	0.035	0.106	0.121	0.145	0.136	0.155	0.163	0.186	0.202

表 6-6 各模型在 HR@10 度量指标上的效果

数据集名称	POP	xBPR	FM PC	GRU 4 Rec +	Caser	MAR ank	TiSASR ec	BERT4 Rec	MIE-LSS （本书）
MovieLens	0.136	0.430	0.595	0.635	0.669	0.672	0.681	0.697	0.737
Amazon Movies & TV	0.281	0.369	0.408	0.389	0.416	0.523	0.581	0.619	0.659
Amazon Video Games	0.174	0.194	0.305	0.346	0.408	0.422	0.509	0.559	0.608
Amazon Beauty	0.076	0.199	0.240	0.265	0.259	0.230	0.281	0.309	0.331

为了验证相对信息的重要性，我们假设若我们的模型不考虑相对信息只考虑绝对信息，即将公式（6-13）改写为：

$$e_{ij} = \frac{(\mathbf{p}_i^q)^T \mathbf{p}_j^k}{\sqrt{d}} \tag{6-20}$$

在这样的情况下，我们将此模型记为 PIALSS。我们将这两种模型在多个数据集上实验进行对比，保证其他的条件和参数都相同得到 NDCG 和 HR 度量的实验结果如表 6-7 所示。从实验结果可以看出，在所有数据集上都显示，相对信息的引入对我们模型的表现有一定的提升作用，提升作用的多少和数据集本身的特点相关。事实上，当不引入具体时间戳信息时[13]，若在一个用户交互行为序列中有相同的时间戳，此时绝对的位置信息仍然使它们存在先后顺序，无法获取到此种信息；如果一个用户的交互行为很少，那么它的位置信息也会很少，极端情况下此用户只有一次交互行为，那么它的位置信息就不复存在，此时时间戳信息给我们带来的增益相对较大。

表 6-7 相对信息和多嵌入重要性的验证

数据集名称	度量指标	MIE-LSS	PIALSS	IALSS
MovieLens	NDCG@ 10	0.523	0.517	0.491
	HR@ 10	0.737	0.735	0.724
Amazon Movies & TV	NDCG@ 10	0.467	0.456	0.412
	HR@ 10	0.659	0.649	0.602

续表

数据集名称	度量指标	MIE-LSS	PIALSS	IALSS
Amazon Video Games	NDCG@10	0.386	0.380	0.338
	HR@10	0.608	0.595	0.533
Amazon Beauty	NDCG@10	0.202	0.197	0.182
	HR@10	0.331	0.322	0.295

同样地，我们也可验证多种函数编码嵌入向量的作用。此时，我们将绝对信息嵌入矩阵中的 E^{Day}、E^{Cons} 去掉，长短期自身嵌入矩阵 E^{Long}、E^{Cur} 不再拼接而是相加，将相对信息嵌入矩阵中的三角函数、对数函数和高斯函数编码 E^{Tri}、E^{Log}、E^{Gauss} 去掉，这样我们的 $E^A \in \mathbb{R}^{n \times d}$ 而 $E^R \in \mathbb{R}^{n \times n \times d}$，接下来的做法相同，这样我们得到的模型记作 IALSS。同样保证其他条件和参数都相同得到 NDCG 和 HR 度量的实验结果如表 6-7 所示。实验结果也表明了这些多种编码函数的嵌入在充分利用已有数据挖掘隐藏信息中的重要作用。

接下来我们探讨实验设定的一些参数对实验效果的影响，如表 6-4 所示，最重要的几个参数在于嵌入向量的维度 d，用户交互行为序列长度的最大值 n 以及短期兴趣长度 m，如图 6-3 和图 6-4 所示。

图 6-3 和图 6-4 分别展示了在两个电影视频数据集 MovieLens 和 Amazon Movies & TV 上，NDCG@10 和 HR@10 随嵌入向量的维度 d 的变化趋势图，其中我们的维度 d 分别选择 16，32，48，64，80。其他实验条件不变，观察实验效果[14]。可以看出，在大多数情况下，一个大的嵌入向量维度意味着更好的模型表现，特别是对于 NDCG 而言。除了在超过一个阈值后可能会有轻微的过拟合现象发生。

同样地，图 6-5 展示了在 MovieLens 数据集上，NDCG@10 和 HR@10 随用户交互行为序列长度 n 的变化趋势图，其中我们的长度 n 分别选择 40，80，120，160，200。其他实验条件不变，观察实验效果。可以看出，更长的序列长度意味着更好的表现，但所有的模型都在此序列长度范围内达到了收敛点，不同的模型收敛的快慢不同。

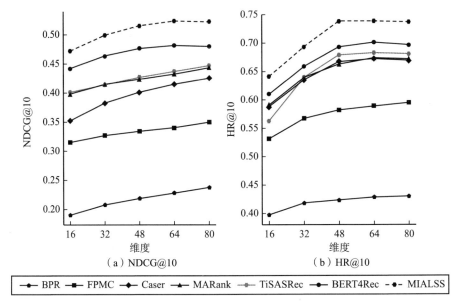

（a）NDCG@10　　　　　（b）HR@10

——◆—— BPR ——■—— FPMC ——◆—— Caser ——▲—— MARank ——●—— TiSASRec ——●—— BERT4Rec - -●- - MIALSS

图 6 – 3　MovieLens 数据集度量指标随嵌入向量维度变化趋势

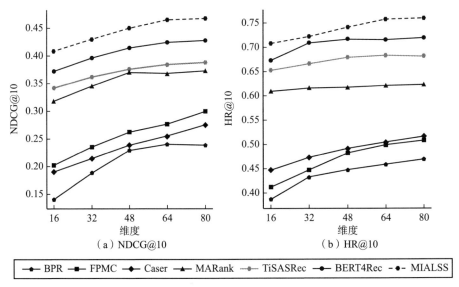

（a）NDCG@10　　　　　（b）HR@10

——◆—— BPR ——■—— FPMC ——◆—— Caser ——▲—— MARank ——●—— TiSASRec ——●—— BERT4Rec - -●- - MIALSS

图 6 – 4　Amazon Movies & TV 数据集度量指标随嵌入向量维度变化趋势

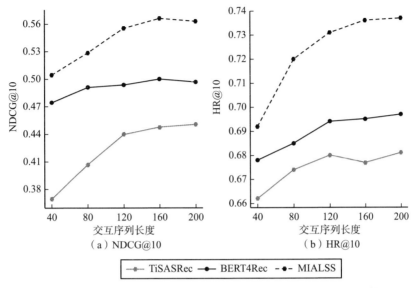

图 6 - 5　MovieLens 数据集度量指标随交互行为序列长度变化趋势

短期兴趣的天数也是很重要的参数，指选择最后几天的用户交互行为作
为短期兴趣，以其为分界线，剩余交互行为作为长期兴趣。表 6 - 8 展示了
MIE-LSS 模型在不同数据集上的这一实验结果，度量指标为 NDCG@ 10。从
实验结果可以看出，对于部分数据集，短期记忆的天数都是 3 天最为合适，
有些数据集则不适合捕捉用户的长期偏好，可能短期记忆天数较短的模型效
果较好。

表 6 - 8　　　　　　MIE-LSS 在不同短期记忆天数下的 NDCG

数据集名称	1 天	3 天	5 天
MovieLens	0. 467	0. 523	0. 469
Amazon Movies & TV	0. 467	0. 461	0. 453
Amazon Video Games	0. 374	0. 386	0. 382
Amazon Beauty	0. 330	0. 331	0. 318

需要注意的是，表 6 - 4 中我们能够探究的影响因子还有很多，例如，自

注意力块的数目 r、训练过程中的样本抽样概率 p、测试评估所取负样本个数 k 等。决定神经网络本身的超参数如批尺寸、学习率、Dropout 率等也有很多。对于这些参数和超参数，它们的变化都对模型的表现有着或多或少的影响，它们的选择则是需要不断调试的过程，很难保证选择的参数和超参数一定是最优的，在此不再赘述。

6.5　本 章 小 结

本章首先表明了序列化推荐模型的进展和重要意义，说明当前引入注意力机制的序列化推荐模型存在的缺陷，即忽略了时间间隔所表达的绝对时间信息。因此，本章提出了 MIE-LSS 模型，一种使用多重信息嵌入的长短期自注意力模型。模型融入了时间间隔信息，并分别编码得到物品信息嵌入、绝对信息嵌入和相对信息嵌入[15]。然后模型将这些嵌入向量使用不同的方式拼接在一起，使用多头自注意力机制处理，更好地建模用户与物品的交互。最后将处理的结果交由使用训练技巧的前馈网络获得分数[16]，从而获得所有物品的分数的排序进而对该用户提供推荐。本章还介绍了该模型训练和测试的方法[17]，介绍了度量指标 HR 和 NDCG，并说明了本模型对于 NDCG 的结合场景特点的改进[18]，实验结果表明，和已有的序列化推荐模型相比，在 NDCG 和 HR 指标上取得了一定的提升。

本章参考文献

［1］ Li J, Wang Y, McAuley J. Time interval aware self-attention for sequential recommendation ［C］. Proceedings of the 13th International Conference on Web Search and Data Mining, 2020: 322 – 330.

［2］ Ying H, Zhuang F, Zhang F, et al. Sequential recommender system based on hierarchical attention network ［C］//IJCAI International Joint Conference on Artificial Intelligence, 2018.

［3］ Yu L, Zhang C, Liang S, et al. Multi-order attentive ranking model for sequential recommendation ［C］. Proceedings of the AAAI Conference on Artificial Intelligence, 2019, 33 (1): 5709 – 5716.

［4］ Sun F, Liu J, Wu J, et al. BERT4Rec: Sequential recommendation with bidirectional encoder representations from transformer ［C］. Proceedings of the 28th ACM International Conference on Information and Knowledge Management, 2019: 1441 – 1450.

［5］ Zhou G, Mou N, Fan Y, et al. Deep interest evolution network for click-through rate prediction ［C］. Proceedings of the AAAI Conference On Artificial Intelligence, 2019, 33 (1): 5941 – 5948.

［6］ He X, Liao L, Zhang H, et al. Neural collaborative filtering ［C］. Proceedings of the 26th International Conference on World Wide Web, 2017: 173 – 182.

［7］ Rendle S. Factorization machines ［C］. 2010 IEEE International Conference on Data Mining. IEEE, 2010: 995 – 1000.

［8］ Juan Y, Zhuang Y, Chin W, et al. Field-aware factorization machines for CTR prediction ［C］//Proceedings of the 10th ACM Conference on Recommender Systems, 2016: 43 – 50.

［9］ Zhang W, Du T, Wang J. Deep learning over multi-field categorical data ［C］//European Conference on Information Retrieval, 2016: 45 – 57.

［10］ Mikolov T, Sutskever I, Chen K, et al. Distributed representations of words and phrases and their compositionality ［J］. Advances in Neural Information Processing Systems, 2013: 3111 – 3119.

［11］ Barkan O, Koenigstein N. Item2vec: Neural item embedding for collaborative filtering ［C］. 2016 IEEE 26th International Workshop on Machine Learning for Signal Processing (MLSP). IEEE, 2016: 1 – 6.

［12］ Giessler A, Haenle J, König A, et al. Free buffer allocation—An investigation by simulation ［J］. Computer Networks (1976), 1978, 2 (3): 191 – 208.

[13] Ying H, Zhuang F, Zhang F, et al. Sequential recommender system based on hierarchical attention network [C]. International Joint Conference on Artificial Intelligence, 2018: 3926 – 3932.

[14] Van Der Hooft J, Petrangeli S, Wauters T, et al. HTTP/2-based adaptive streaming of HEVC video over 4G/LTE networks [J]. IEEE Communications Letters, 2016, 20 (11): 2177 – 2180.

[15] Rossi D, Testa C, Valenti S, et al. LEDBAT: The new BitTorrent congestion control protocol [C]. 2010 Proceedings of 19th International Conference on Computer Communications and Networks. IEEE, 2010: 1 – 6.

[16] Harper F, Konstan J. The MovieLens datasets: History and context [J]. ACM Transactions on Interactive Intelligent Systems (TIIS), 2015, 5 (4): 1 – 19.

[17] McAuley J, Targett C, Shi Q, et al. Image-based recommendations on styles and substitutes [C]. Proceedings of the 38th International ACM SIGIR Conference on Research and Development in Information Retrieval, 2015: 43 – 52.

[18] He R, McAuley J. VBPR: Visual bayesian personalized ranking from implicit feedback [C]. Proceedings of the AAAI Conference on Artificial Intelligence, 2016: 144 – 150.

第 7 章

特征融合（交叉）的推荐模型

7.1 引　言

　　目前，自注意力机制的模型是解决序列化推荐问题的最流行方法之一[1]。自注意力机制的想法源于人类视觉[2]。例如，在扫描图像时，人类往往会快速捕捉需要重点关注的区域，并对这些区域投入更多的注意力，从而使得人类能够对自然界的快速变化作出反应[3]，是人类长期进化中产生的生存技巧。深度学习中的自注意力机制与人类的上述视觉机制类似，都可以从众多信息中筛选出对目前任务最重要的信息[4][5]。自注意力机制运用于推荐系统有诸多优点。首先，自注意力机制的结构简洁，比其他深度学习模型参数量少；其次，自注意力机制可以直接对全局信息进行捕获，并且能够同时关注数据的局部信息。另外，由于自注意力机制可以获得用户行为之间的自注意力权重，它也可以一定程度上提高模型的可解释性[6]。

然而，现有的自注意力机制的模型仍然存在一些局限性。首先，自注意力机制的模型作为一种深度学习模型，可以很好地学习数据中的高阶特征交叉信息，然而数据量较少时，自注意力机制的模型不能高效地学习到低阶特征交叉信息，严重限制了模型性能。另外，现有的自注意力机制的模型更注重用户选择的物品之间的关系，而对用户自身的信息考虑较少，这使得模型并没有充分地利用数据中的所有信息，也影响了推荐系统"千人千面"的效果。

因此，本章针对以上描述的问题，对现有的自注意力机制的模型进行了改进。首先，本章将构建特征交叉的因子分解机与自注意力机制的模型进行融合，使得模型不仅能够很好地学习到数据中的高阶特征交叉，也能更好地捕获低阶特征交叉信息。其次，本章对现有的自注意力机制中的自注意力权重的计算方法进行了改进，使得模型对于用户的兴趣变化的刻画更加精准，进一步提高了模型准确度。本章通过在真实推荐数据集上进行实验，证明了改进模型的有效性。

7.2 特征交叉模型的探索研究

推荐系统从 21 世纪初的经典协同过滤模型到基于特征交叉的模型的出现，再到深度学习技术在特征交叉模型上进行应用，以及近年来以自注意力机制为基础的序列化推荐的出现，推荐系统技术得到了长足的发展。图 7-1 展示了推荐系统部分模型的分类。

7.2.1 协同过滤模型

协同过滤的概念由文献［7］定义为"使用一组用户的已知偏好来预测新用户未知偏好的技术"。协同过滤建立在一个假设上，即相似的用户喜爱的物品相似，并且用户喜爱的物品之间也相似。从协同过滤开始，推荐系统由仅仅推荐最流行物品的大众化模式，转变为针对具体用户的个性化定制的模式，推荐系统开始展现其"千人千面"的特质。

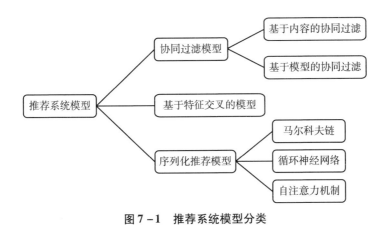

图 7 - 1　推荐系统模型分类

协同过滤模型主要分为基于内存的协同过滤模型以及基于文献［8］的协同过滤模型，二者的区别在于协同过滤模型是否通过优化"特定目标函数"使其完成任务的模型。基于内存的协同过滤模型通过计算已有信息的物品或者用户之间的"相似度"来给用户推荐他们尚未选择的物品。每一次遇到新的用户时，这些计算都需要重复进行。而基于模型的协同过滤模型采用机器学习思想，训练模型后便可以一次性给多个用户推荐商品。基于内存的协同过滤模型主要分为基于项目的协同过滤模型和基于用户的协同过滤模型，而基于模型的协同过滤模型中最经典的是矩阵分解。下面将详细介绍这些方法。

基于项目的协同过滤以物品作为比较的对象，通过比较目前现有用户对物品的评分来判断物品之间的相似性，再把与用户已知的感兴趣物品相似的其他物品推荐给用户。基于用户的协同过滤则相反，根据每个用户对其他物品的打分情况来评价这些用户之间的相似度，然后将已知的某用户感兴趣的某物品推荐给予该用户非常相似的另一用户。无论是基于项目的协同过滤模型还是基于物品的协同过滤模型，一个重要的环节都是定义物品或用户之间的相似度，这就需要首先用向量去表示物品或者用户。

人们经常使用的相似度包括余弦相似度和皮尔森相似度。余弦相似度是两个向量之间的内积再除以二者的模之积。使用这种方法有一个"缺点"，即现实数据一定会有缺失值，这就导致用来表示物品或用户的向量在某些维度上也存在缺失值，而余弦相似度在有缺失值的情况下无法计算。在这种情况下，皮尔森相似度应运而生，它的核心思想是先用 0 补全缺失值，然后对所有向量进行中心化，接着再计算处理后的两个向量之间的余弦相似度。由于皮尔森相似度不受缺失值的影响，它就成为处理协同过滤模型相似度问题的最理想度量之一。然而，尽管数据缺失的问题可以得到解决，但是对于上述的任何一种基于内存的协同过滤模型而言，它们在面对新的用户的推荐需求时都需要重新进行计算，这也是这一类型模型的核心问题。

而在基于模型的协同过滤模型中，最重要的是矩阵分解，它抛弃了基于内存的协同过滤模型中直接利用已有的评分信息来表示用户和物品的方式，而是利用机器学习思想学习用户的物品的稠密向量表示，并且利用用户和物品对应的向量的内积作为匹配函数拟合它们之间的交互信息（显式信息中的评分值或者隐式信息中的是否点赞、是否购买等）。它利用交替最小二乘法（alternating least squares，ALS）[9]或者随机梯度下降法（stochastic gradient descent，SGD）[10]作为优化器。与基于内存的协同过滤模型相比，矩阵分解可以在模型训练完成后，直接得到所有已知用户对所有已知物品的评分，这也是它的优越之处。在基本的矩阵分解的基础上，考虑到物品和用户的向量表示在数据过大的时候可能会出现地过拟合问题，学者们在目标函数后面添加了 l_2 正则项。另外，如果进一步考虑到不同用户打分的标尺差异，即一些用户打分偏高，另一些用户打分则偏苛刻，那么可以在目标函数中同时学习每个用户的打分偏差。对于物品而言同理，加入每个物品的得分偏差也是提高模型精确度的一种方法。

然而，不论是基于内存的协同过滤模型还是基于模型的协同过滤模型，它们都只能运用现有的显式评分或隐式评分来获取用户之间或者物品之间的相似度，无法利用到用户和物品自身的边信息和其他特征。另外，协同过滤模型也无法获取到多个特征之间的关系，而不同特征之间的交互往往对最终的推荐结果有很大影响。最后，协同过滤是一个静态的模型，它假设前提用户的兴趣是不变的，这往往与现实世界有一定的区别。

7.2.2 特征交叉的模型

特征交叉对于推荐系统有非常重要的意义，因为特征之间的交互对用户的选择结果存在影响。例如，当一个用户属性中的性别"男性"和年龄"18岁"同时出现时，该用户极有可能在手机上下载了游戏软件。而某个用户若仅有上述的两个特征之一，那么该用户在手机上下载游戏软件的概率则并不高。前文所述的协同过滤模型（或者部分神经网络模型）无法捕捉到上文所述的特征之间的重要关系。近十年来，学者们逐渐认识到了特征之间相互关系对于推荐系统的重要性，建立了一系列基于特征交叉的模型。

因子分解机模型（factorization machine，FM）由文献［11］在 2010 年提出，这个模型由普通的二阶线性模型改进而来。在普通的二阶线性模型中，每一个二次交叉项系数都是独立的，即若一组数据有 n 个特征，则共有 $n(n-1)/2$ 个二次交叉项系数，并且它们之间毫无关系。这种特性决定了它是难以训练的，尤其是在数据集较为稀疏的情况下，这是因为稀疏数据中很有可能不会存在两个特征同时出现的情况，这使得某些二阶交叉项系数难以训练。而 FM 则在二阶交叉项方面作出改进。对于每一个特征 i 而言，模型会学习一个与之对应的隐向量 v_i，并将二阶交叉项系数设置为其所对应的两个特征的隐向量的内积，这种方式解决了线性模型处理稀疏数据时的难题，使得模型更加容易训练。另外，使用一定数学技巧，可以让 FM 的计算复杂度降低至 $O(kn)$（假设隐向量的维度为 k）。FM 的优越性质使得它成为最重要的特征交叉模型之一，后面出现的很多特征交叉模型都建立在它的基础上。

随着深度学习的蓬勃发展，推荐系统领域也开始利用深度网络（deep neural network，DNN）技术。基于乘积的神经网络（product-based neural network，PNN）[12] 和因子分解机支持的神经网络（factorization machine supported neural network，FNN）[13] 就是基于深度网络的特征交叉模型。PNN 由曲（Qu）等人在 2016 年提出，它是在多层感知机（multi-layer perceptron，MLP）

的基础上进行改进的。通常情况下，如果在推荐系统领域使用 MLP，则它的输入是物品信息在低维空间中的嵌入，然后让它经过多层感知机的隐藏层和输出层，最终得到预测结果。而 PNN 在获得物品的嵌入向量以后增加了一个"乘法层"，它的输入是物品的嵌入向量，输出则由两部分的加和再经过激活函数计算而来。在这两部分中，第一部分是物品嵌入与一个参数矩阵的乘积，第二部分则与特征交叉有关。域在推荐系统中是一个重要的概念，它代表同一类特征的集合，例如，月份就是一个域，这个域包含了从 1 月到 12 月的十二个特征。乘法层输出的第二部分由物品嵌入中所有域的嵌入之间的两两内积拼接而成，在其后再乘上一个参数矩阵。这种方式对物品的特征进行了充分地交叉，避免了单独的 DNN 会出现的特征交叉不足的问题。FNN 则是一个两阶段训练模型，它的主体仍是一个 DNN，有嵌入层、输入层、隐藏层和输出层，与其他模型不同的是，它的嵌入层的参数并不是随机初始化的，而是由第一阶段训练好的 FM 模型输出的每个特征的隐向量进行初始化。第一阶段的预训练可以帮助 DNN 的嵌入层更好地表示物品的特征。但是，由于 FNN 是一个两阶段训练模型，所以它不是一个端到端的训练模型，在实际应用中有一些不便之处，例如，在线推荐等场景。

另一些特征交叉模型把 DNN 作为模型的一个重要组成部分而不是主体，与之融合的往往是一个可以处理低阶特征交叉的模块。宽深模型（wide & deep）由文献［14］在 2016 年提出，顾名思义，它由 DNN 和一个线性模型融合而成，其中 DNN 部分取物品和用户的全部特征，称为深部分，而线性部分则由模型使用者随机选择一些特征，称为宽部分。宽部分有助于提高模型的记忆能力，而深部分则可以提高模型的泛化能力。对于宽部分而言，输入其中的特征往往是人们认为对结果预测有直观影响的特征，而深部分则将所有特征全部输入，让网络决定哪些是有用的特征以及特征组合。深度交叉神经网络（deep & cross network，DCN）[15]模型和基于因子分解机的神经网络模型（DeepFM）[16]都是基于 wide & deep 模型提出的，它们也都是特征交叉模块与深度网络模块的模型组合，并且都具有端到端模型的优点，即不需要人工进行特征工程的工作。DCN 模型在嵌入层过后，嵌入向量会输入两个模块中，一个是 DNN 模块，另一个则是交叉网络模块。交叉网络模块采用一种特殊设计完成特征交叉任务，可以得到多项式级别的交叉特征，即一层这样的模块可以得到二阶交叉特征，两层可以得到三阶交叉特征，以此类推。在作为最后一层的输出层中，其输入是交叉网络和 DNN 两者输出向量的拼接。可以看出，DCN 在 wide & deep 的基础上进一步提高了低阶交叉的完善度，并且完全避免了人工进行特征工程。DeepFM 模型则是将交叉网络模块替换成了因子分解机这一优秀的特征交叉模型，并且在最后的输出层，对 DNN 输出的结果与 FM 模块输出的结果取平均值，再经过 sigmoid 激活函数进行处理得到最终结果。

因子分解机 FM 模型是一个非常经典的特征交叉模型，但是它也有其局限性，例如隐向量的内积所表示的二阶交叉项系数只能表示这对特征组合之间的相关性，并不能表示特征组合对模型输出结果的重要性。另外，FM 是一个线性模型，在模型复杂度上仍然有所欠缺。针对上面的第一个问题，文献［17］提出了基于注意力的因子分解机（attentional factorization machine，AFM）模型，它在 FM 模型原有的二阶交叉项前面增加了二阶交叉项系数，并且使用一个注意力网络学习这些二阶交叉项系数。通过这种方式，AFM 模型可以较为准确地反映各个二阶交叉项的特征强度。深度神经因子分解机（neural factorization machine，NFM）模型由文献［18］提出，它由 FM 模块和 DNN 串行得到，有效地解决了上述的 FM 模型的第二个问题。NFM 模型和 FM 模型一样，在计算二阶交叉项的时候需要学习各个特征的隐向量，不同的是 NFM 模型对隐向量做点积运算，乘以特征本身的值以后，把所有这样的二阶特征交叉向量加在一起，作为后面 DNN 网络的输入。经过若干层的 DNN 以后，最终输出的数作为模型的最终二阶交叉项的结果。这种方式给 FM 模型增加了非线性，并且由于 DNN 的输入本身就是二阶交叉的信息，因此这种方法可以减少 DNN 学习更高阶交叉特征的难度，从而减少了 DNN 的参数量和运行负担。

尽管得益于探究不同特征之间的关系，基于特征交叉的模型相比协同过滤模型提升了一定的准确度，然而它们仍然是一些静态模型，并没有考虑用户的兴趣会随时间变化。因此，它们适合处理短期内的用户推荐问题，对长期问题的解决效果并不尽如人意。

7.2.3 序列化推荐模型

一个序列称为马尔科夫链，是指这个序列满足下一个事件的发生概率仅与其上一个事件的结果有关。学者们最初利用马尔科夫链来研究推荐系统中用户的行为，进而学习用户的动态兴趣。文献［19］将矩阵分解技术和马尔科夫链结合在一起，建立了用户个性化马尔科夫模型，为每个用户个性化地生成了马尔科夫链的转移矩阵，这样对于所有用户，就得到了一个转移立方体。由于能观察到的转移矩阵的过渡值非常有限，该模型采用了一种成对的交互模型分解转移立方体，它是 Tucker 分解的一种特殊情况。运用上述方法，个性化马尔科夫模型在效果上优于普通矩阵分解方法和非个性化的马尔科夫模型。文献［20］在马尔科夫链预测用户下一行为的基础上，还考虑了用户长期以来的稳定兴趣，最终结合以上两点因素来给用户提供他们想要的物品。文献［21］认为，预测用户下一个行为的关键就在于对用户信息、用户之前的行为与用户的下一个行为三个重要特征的交互进行建模，因此他们设计了基于转移的推荐系统模型（translation-based recommendation，TransRec），将用户信息以及用户行为对应的物品信息都嵌入一个欧式空间中作为向量来看待，并且假设用户的上一个行为所对应的物品向量加上用户信息向量就是该用户的下一个行为所对应的物品向量。这个想法在数学形式上非常的简单，因此很适合处理长序列问题。上述的这些模型都基于一阶马尔科夫链，也就是如前所述的马尔科夫链的定义方法。如果一个事件的序列满足下一个事件的发生概率与其上 n 个事件的结果有关，则我们称这个序列是一个 n 阶马尔科夫链。下面将要阐述的马尔科夫链的模型都是 n 阶马尔科夫链。融合相似度的马尔科夫链模型由文献［22］提出，它融合了矩阵分解、马尔科夫链以及基于相似度的物品推荐等方法，以实现个性化的顺序推荐。在稀疏数据集上，它有更好的比较优势。文献［23］提出了基于卷积序列嵌入的序列化推荐模型，它是一种卷积序列的推荐模型，其想法是利用时间和空间信息，将用户最近的物品的向量稠密化到图像中，并使用卷积滤波器学习序列模式作为图像的局部特征。这种方法提供了一个灵活的网络结构模型，从中获得用户的长期的兴趣以及用户的序列行为模式。

循环神经网络 RNN 是一类以一串有序数据作为输入，在序列的时间顺序或者空间顺序方向上进行递归，并且所有网络节点从头到尾依次连接的递归神经网络。RNN 的隐藏层节点不仅与此时刻的输入有关，也与上一时刻的隐藏层节点有关，即 RNN 每个节点的输出同时受这一时刻的输入以及前面时刻的隐藏层节点二者的共同影响。用这种方式，RNN 实现了每个时刻之间信息的关联。由于在序列化推荐问题中，用户的行为可以按时间排序，并且后面的行为会受到前面行为的影响，所以 RNN 适合用来建模。文献［24］最早将 RNN 引入推荐系统中，该研究在运用 RNN 模型处理序列化推荐问题的同时，将原有的目标函数改进为更适合推荐系统的成对损失函数，它可以让模型的性能更好。在随后的工作中文献［25］进一步提出了一系列的解决 Top-N 问题的损失函数，不仅可以用于 RNN 模型之上，也可以用于矩阵分解或者自编码器等其他模型上。文献［26］则结合了 RNN 模型和长短期记忆网络（long short-term memory，LSTM）来动态地学习用户和物品的嵌入向量，从而生成用户在每一时刻的状态。它对用户嵌入向量以及物品嵌入向量的交替优化方法可以提高效率，使得模型可以处理百万级别的数据。

自注意力机制的模型在近年来成为解决序列化推荐的最佳方法之一。谷歌在 2017 年发表的文章中正式提出了 Transformer 结构[27]，它摒弃了传统网络中的卷积层或是 RNN 结构，整个架构完全由自注意力机制层和前馈神经网络构成。这个模型首先被用于自然语言处理的翻译任务，并且由于其捕捉语句内远程单词之间的依赖关系的能力，在性能上超过了之前的 RNN 和 LSTM 系列模型。自从自注意力机制这一优秀的网络结构在自然语言处理的领域被提出后，它也引起了推荐系统学者的注意，并将其相关的模型方法用于与语句间关系相似的用户行为之间的关系上，从而动态地捕捉用户的兴趣。

深度兴趣神经网络（deep interest network，DIN）[28]是阿里巴巴在 2018 年为了解决 CTR 问题提出的基于深度学习的模型[28]，里面采用的局部激活单元恰好与自注意力机制非常相似，只是 DIN 中没有考虑用户的行为顺序。在此之前的基于 MLP 的深度学习模型只是将用户的历史行为通过加入池化处理以后再和用户的其他特征以及上下文特征进行拼接，而 DIN 的局部激活单元则计算了每一个行为的权重，代表每个行为对用户的下一次行为的注意力权重，从而能够自适应地学习用户从历史行为到特定广告的兴趣表示。文献[29] 提出了自注意力的序列化推荐模型（self-attentive sequential recommendation, SASRec），它是最早的若干个将自注意力机制运用到了推荐系统领域中的工作。和其他的基于自注意力机制的模型一样，SASRec 利用自注意力机制从用户的行为序列中找出与用户下一个行为涉及的物品相关的物品，由此来对用户未来的行为进行预测。它还针对推荐系统领域的背景，构建了合适的模型训练方法以及用户行为序列的数据处理方法。为了更好地为用户兴趣进行建模，阿里巴巴在 2019 年提出了深度兴趣神经网络模型（deep interest evolution network, DIEN）[30]，该研究在其中设计了含有 GRU 门控单元以及自注意力机制的兴趣提取层，并利用辅助函数来进一步监督每一步的兴趣提取。在早期应用自注意力机制的推荐系统模型上，由于默认用户行为是有时间顺序的，即只有先前的行为可以影响后面的行为，所以它们都是从左到右的单项模型，然而单项架构可能不是最优的，因为它会限制用户行为序列中隐藏表示的能力，并且它假设的严格有序的序列并不一定总是实际的。鉴于此，文献[31] 提出了基于 Transformer 的双向编码器表示的序列化推荐（sequential recommendation with bidirectional encoder representation from transformer, BERT4Rec）模型来解决这个问题。BERT4Rec 是一个双向自注意力机制的模型，通过随机对用户行为进行掩蔽（训练时不考虑该行为，本质上是通过将该行为与其他行为的自注意力权重设置为 0 来实现的），由掩蔽项的左右项来对其进行预测。

一般而言，用户对物品的兴趣是多种多样的，具有动态路由的多兴趣神经网络（multi-interest network with dynamic routing, MIND）[32]针对这一点利用具有动态路由的多兴趣网络来学习推荐系统中的用户表示。其网络结构中的多兴趣提取层可以从用户行为建模和提取出多种兴趣，对用户的刻画更加饱满，信息更加丰富。另外，文章提出的标签感知注意技术也会帮助学习用户的表示。另一个与多兴趣提取有关的工作是阿里巴巴的可控多兴趣框架模型（controllable multi-interest framework for recommendation, ComiRec）[33]，它分为多重兴趣模块和聚合模块。多元兴趣模块从用户行为序列中获取多种兴趣，进而可以从大量物品中筛选出部分用户可能满意的物品，然后将这些物品输入到聚合模块，进一步获得最优若干项的推荐，并且聚合模块利用控制参数来对推荐的准确性和多样性进行平衡。尽管自注意力机制会考虑用户行为的时序，但是一般而言，用户的短期兴趣的变化幅度不会很大，而长期兴趣可能会发生较大的改变，所以区分短期兴趣和长期兴趣是有必要的，它可以通过划分时间戳的间隔来确定，或是通过间隔的行为数量来确定。阿里巴巴的文献［34］提出了深度会话兴趣网络（deep session interest network，DSIN），它将用户行为通过分割时间段来划分为不同的长会话，接着使用自注意力机制来提取每个会话的用户兴趣，再通过 LSTM 来模拟用户长会话兴趣的演变，最后利用局部激活单元来自适应地学习不同会话兴趣对用户下一个行为的目标项所产生的影响。在工业界线上场景，考虑到候选物品的数量级非常大，基于搜索的终身行为用户兴趣模型（search-based user interest modeling，SIM）[35]设计了两个搜索单元来逐渐提取用户兴趣，分别是一般搜索单元和精确搜索单元。一般搜索单元是无参的，通过大粒度的类别信息来筛选物品；而精确搜索单元采用参数化形式，用向量来表示物品信息，然后用向量搜索的方式确定最合适的若干物品。这种两步搜索模式使得 SIM 模型在可扩展性和准确性方面具有更好的建模用户行为的能力。文献［36］基于用户的多种行为类型学习了用户的不同兴趣，并在多个目标上都取得了较好的效果。在深度多面 Transformer 模块中，分别用点击的物品、购物车里的物品和用户购买的物品分别表示用户的短期、中期、长期兴趣。在接下来的多目标任务学习模块中，它对点击率、转化率等多目标任务进行排序和学习。另外，模型进行了消偏学习，以减轻由物品位置等因素造成的模型学习偏差。

综上所述，迄今为止，很多工作在自注意力机制的模型上已经获得了很多研究成果。然而目前仍然存在一些问题，例如，对已有数据的利用还不够充分，以及刻画用户的兴趣变化仍然存在一定的偏差等。如何更充分地利用数据中已有的特征信息，以及如何更准确地刻画用户兴趣的变化，成了目前序列化推荐需要解决的问题。由此，本章在现有的自注意力机制模型的研究基础上，针对以上问题，进行了进一步的研究和探索。

综上所述与现有的模型相比，本章节主要贡献在于：在模型的整体结构上，本章借鉴了现有的特征交叉方法的深度和宽度结合的思想，将自注意力机制和因子分解机模块进行融合，可以同时很好地学习低阶特征交叉和高阶特征交叉信息。同时，模型设置了可学习权重，在不同数据集的不同需要之下，让模型自适应分配两个模块对最终结果的权重，具有更强的适应性。

7.3   因子分解机和自注意力机制的交叉模型

因子分解机 FM 由文献［11］提出，解决了推荐系统问题中对稀疏数据进行低阶特征交叉的问题，使得它成为解决点击率问题重要的特征交叉模型。学者们在因子分解机的基础上进行了各种改进，并结合深度学习模型，使得因子分解机的相关模型成为特征交叉的重要模型。近年来，自注意力机制的模型由于其优良的可解释性以及计算序列元素间相似度不受距离影响等原因，逐渐成为解决序列化推荐问题的最佳模型之一。本章分别对因子分解机和自注意力机制的原理和内容作详细介绍，并阐述了在它们的基础上进一步改进的推荐系统模型。

7.3.1   基于因子分解机的模型

因子分解机 FM 由二阶多项式模型改进而来。二阶多项式模型在线性模型的基础上作出新的假设，即特征之间并不是相互独立的，所以该模型增加了特征之间的二阶交叉项。对于一个有 n 个特征的输入向量 $\mathbf{x} \in R^n$，二阶多项式模型对输出进行预测的公式如下：

$$\hat{y}(\mathbf{x}) = w_0 + \sum_{i=1}^{n} w_i x_i + \sum_{i=1}^{n} \sum_{j=i+1}^{n} w_{ij} x_i x_j \qquad (7-1)$$

其中，$\hat{y}$ 指的是模型的预测值，w_0 是模型的偏置，w_i 是特征 i 的一次项系数，w_{ij} 则是特征 i 和特征 j 的交叉项系数。尽管二阶多项式模型具有对二阶交叉项的建模能力，使得模型的复杂度更高，但是在推荐系统领域，二阶线性模型却有很大的局限性。推荐系统的数据常常是经过热核编码处理后的稀疏向量，这使得向量 $\mathbf{x}$ 的大部分特征为 0 而少部分为 1。在对二阶交叉项系数 w_{ij} 进行更新时，若 x_i 和 x_j 有一个为 0，则梯度 $\dfrac{\partial \hat{y}(x)}{\partial w_{ij}} = x_i x_j = 0$，使得 w_{ij} 无法进行更新。

因子分解机 FM 模型可以很好地解决上述的问题。FM 在二阶多项式模型的基础上改进了二阶交叉项系数的计算方式。它对于每一个特征学习一个隐向量，并将特征所对应的隐向量的内积作为最终的二阶交叉项的系数。其公式如下：

$$\hat{y}(\mathbf{x}) = w_0 + \sum_{i=1}^{n} w_i x_i + \sum_{i=1}^{n} \sum_{j=i+1}^{n} \langle \mathbf{v}_i, \mathbf{v}_j \rangle x_i x_j \tag{7-2}$$

其中，$\mathbf{v}_i \in R^k$ 就是特征 i 所对应的隐向量。FM 这样处理的优点在于隐向量 $\mathbf{v}_i$ 的学习可以在含有特征 i 的所有交叉项中进行，只要在这些交叉项中找出一个同时满足两个特征都不为 0 的项，即可完成对隐向量 $\mathbf{v}_i$ 的更新。这就是 FM 适合处理稀疏数据的原因。

进一步，记 $W = (w_{ij}) \in R^{n \times n}$，则学习隐向量的过程实际上就是求满足 $W = VV^T$ 的矩阵 V。显然，$w_{ij} = w_{ji}$，故矩阵 W 是一个对称矩阵。进一步地，由于因子分解机的二阶交叉项没有特征自身与自身的交叉项，则这个矩阵 W 的对角线部分可以看作是任何值。当矩阵 W 的对角元是绝对值足够大的正值时，W 就是一个正定矩阵。对于正定矩阵，Cholesky 分解定理保证了矩阵 V 的存在唯一性，即隐向量是可以得到的。

模型复杂度也是一个模型的重要性质之一。尽管 FM 是一个二阶交叉模型，但是可以通过数学上的化简，使得模型的复杂度降低至线性复杂度。对二阶交叉项表达式的化简过程如下：

$$\sum_{i=1}^{n} \sum_{j=i+1}^{n} \langle \mathbf{v}_i, \mathbf{v}_j \rangle x_i x_j = \frac{1}{2} \Big[\sum_{i=1}^{n} \sum_{j=1}^{n} \langle \mathbf{v}_i, \mathbf{v}_j \rangle x_i x_j - \sum_{i=1}^{n} \langle \mathbf{v}_i, \mathbf{v}_i \rangle x_i x_i \Big]$$

$$= \frac{1}{2} \Big[\sum_{i=1}^{n} \sum_{j=1}^{n} \sum_{f=1}^{n} v_{i,f} v_{j,f} x_i x_j - \sum_{i=1}^{n} \sum_{f=1}^{k} v_{i,f} v_{i,f} x_i x_i \Big]$$

$$= \frac{1}{2} \sum_{f=1}^{k} \Big[\Big(\sum_{i=1}^{n} v_{i,f} x_i \Big) \Big(\sum_{j=1}^{n} v_{j,f} x_j \Big) - \sum_{i=1}^{n} v_{i,f}^2 x_i^2 \Big]$$

$$= \frac{1}{2} \sum_{f=1}^{k} \left[\left(\sum_{i=1}^{n} v_{i,f} x_i \right)^2 - \sum_{i=1}^{n} v_{i,f}^2 x_i^2 \right] \quad (7-3)$$

经过化简以后，大括号内的部分的计算复杂度为 $O(n)$，故整个二阶交叉项部分的计算复杂度为 $O(kn)$。线性复杂度让 FM 可以用于数据量很大的工业场景，使得它的泛用性更强。

7.3.1.1 基于注意力的因子分解机模型

在 FM 模型中，二阶交叉项的权重由隐向量的内积决定。然而，内积只能表示两个特征之间的相关性，并不能表示这对特征组合对预测值的影响程度。一些特征组合尽管经常同时出现，但是这些组合可能对预测结果没有任何影响。例如，在预测学生的学习成绩时，有很多与学生相关的特征，例如学生的身高，体重，年龄，智商以及过往成绩。在这些特征中，〈高身高，高体重〉这对特征组合会经常一起出现，然而它对学生成绩的预测没有丝毫帮助。鉴于此，文献 [17] 提出了基于注意力的因子分解机模型，即 AFM。除了已有的隐向量内积权重以外，它通过注意力池化层来学习二阶交叉项的权重。另外，它还提出了成对交互层，将 FM 的二阶交叉项写成了更一般的形式，使得模型更具有通用性。

成对交互层是模型的第一个结构。设 χ 是输入向量的所有非零特征的集合，则这些特征的成对交互结果为：

$$f_{PI}(\chi) = \left\{ (\mathbf{v}_i \odot \mathbf{v}_j) x_i x_j \right\}_{(i,j) \in R_\chi} \quad (7-4)$$

其中，

$$R_\chi = \left\{ (i, j) \right\}_{i \in \chi, j \in \chi, i < j} \quad (7-5)$$

其中，$\mathbf{v}_i$ 表示特征 i 的隐向量，$\odot$ 表示向量的逐点乘法运算。设输入向量 $\mathbf{x}$ 有 n 个非零特征，隐向量 $\mathbf{v}_i$ 的维度为 k，则由公式（7-4）可以得到 $n(n-1)/2$ 个 k 维向量。进一步地，再将 $f_{PI}(\chi)$ 中的向量通过一个求和池化层，并和投影向量 $\mathbf{p}$ 做内积，即可得到二阶交叉项的最后结果，公式如下：

$$\hat{y}_{bi} = \mathbf{p}^T \sum_{(i,j) \in R_\chi} (\mathbf{v}_i \odot \mathbf{v}_j) x_i x_j \quad (7-6)$$

其中，$\hat{y}_{bi}$ 表示预测值部分中的二阶交叉项部分。从公式（7-6）可以看出，若向量 $\mathbf{p}$ 为全 1 向量，则成对交互层的输出与 FM 模型的二阶交叉项的计算方法无异，从中可以看出 AFM 的成对交叉层实际上是 FM 二阶交叉项计算的一般形式。

注意力池化层是 AFM 模型的主要贡献，它用来学习二阶交叉项的权重。由前文所述，不同特征交叉对预测结果的重要性是不相同的，AFM 故在公式（7-6）的基础上，在每个二阶交叉特征的前面添加权重 a_{ij}，公式如下：

$$\hat{y}_{bi} = \mathbf{p}^T \sum_{(i,j) \in R_\chi} a_{ij}(\mathbf{v}_i \odot \mathbf{v}_j) x_i x_j \tag{7-7}$$

其中，$\hat{y}_{bi}$ 指的是注意力池化层的输出。为了学习 a_{ij}，一个自然的想法是利用目标函数来直接学习它们的值，并且它看上去是技术可行的。但是，如果特征 i 和特征 j 很少以非零形式同时出现，那么 a_{ij} 是无法更新的，因为

$$\frac{\partial \hat{y}_{bi}}{\partial a_{ij}} = \mathbf{p}^T (\mathbf{v}_i \odot \mathbf{v}_j) x_i x_j \tag{7-8}$$

基于此，AFM 采用了注意力网络来得到 a_{ij} 的值，并且这个注意力网络针对每个特征的隐向量进行计算，这样就解决了 a_{ij} 的训练问题。注意力池化层的公式为

$$a'_{ij} = \mathbf{h}^T \text{ReLU}(W(\mathbf{v}_i \odot \mathbf{v}_j) x_i x_j + \mathbf{b}) \tag{7-9}$$

$$a_{ij} = \frac{\exp(a'_{ij})}{\sum_{(i,j) \in R_\chi} \exp(a'_{ij})} \tag{7-10}$$

在公式（7-9）中，ReLU（rectified linear unit）指的是线性整流激活函数，$W \in R^{t \times k}$，$\mathbf{b} \in R^t$，$\mathbf{h} \in R^t$ 都是模型参数矩阵或向量，其中 t 是注意力网络的隐藏层的大小，称之为注意力因子，它是一个超参数。a_{ij} 由 a'_{ij} 计算而来，公式（7-10）实际上是对所有的 a'_{ij} 运用 softmax 函数进行作用，可以使得所有的 a_{ij} 之和为 1。

将公式（7-10）代入 FM 整体模型，可以得到 AFM 最终的模型预测公式：

$$\hat{y}_{AFM}(\mathbf{x}) = w_0 + \sum_{i=1}^n w_i x_i + \mathbf{p}^T \sum_{i=1}^n \sum_{j=i+1}^n a_{ij}(\mathbf{v}_i \odot \mathbf{v}_j) x_i x_j \tag{7-11}$$

模型的所有参数的集合为 $\theta = \{w_0, \{w_i\}_{i=1}^n, \{\mathbf{v}_i\}_{i=1}^n, \mathbf{p}, W, \mathbf{b}, \mathbf{h}\}$。

7.3.1.2 基于因子分解机的神经网络模型

尽管因子分解机模型很好地解决了推荐系统场景下稀疏数据的二阶交叉

项的构造问题，但是它在面对数据中可能包含的高阶交叉项信息时却无能为力。例如，"夏天/周六的/晴天里/小学生/喜欢吃冰激凌"，这就需要一个四阶特征交叉来对结果进行预测。高阶特征交叉可以提高模型的表达能力，使得预测结果更加准确。

出于对上述问题的考虑，基于因子分解机的神经网络模型（DeepFM）[16]应运而生。同 FM 一样，DeepFM 也是一个端到端的、不用进行特征工程的模型，并且由于它融合了 DNN，故可以学习到高阶特征交叉信息。下面将详细介绍该模型的结构。

首先，模型的第一层是一个嵌入层。当获得物品和用户信息的热核编码向量以后，先将其输入一个嵌入层，使得原来的高维稀疏向量变成低维稠密向量。嵌入层的作用是抽取原始向量中有意义的特征，并且减少向量所占用的空间。嵌入层的本质是一层线性的神经网络结构，开始时进行随机初始化，随着训练的进行，模型会不断获得更加精确的低维嵌入向量。

域是推荐系统中的一个重要概念，其含义是同一类热核编码特征的集合，例如，用户编码就是一个域，对这个域进行热核编码后，其拥有的特征数量就是用户的个数。在初始向量中，不同的域一般会含有不同数量的特征个数，但在 DeepFM 模型中，每个域最终生成的嵌入向量要求拥有相同的维数。设数据共有 m 个域，则最终的嵌入向量由所有域生成的嵌入向量拼接而成，表示如下：

$$\mathbf{x} = [\mathbf{e}_1, \cdots, \mathbf{e}_m] \tag{7-12}$$

其中，$\mathbf{e}_i$ 表示的是第 i 个域生成的嵌入向量。

接下来，模型分为两个部分，一个是深度神经网络模块，另一个是因子分解机模块。深度神经网络模块就是前馈网络层的堆叠，可以学习高阶特征交叉。该模块的输入就是嵌入层的输出向量 $\mathbf{x}^{(0)} = \mathbf{x}$。设深度神经网络模块一共有 l 层，则通过第一层以后的输出为

$$\mathbf{x}^{(1)} = f[W^{(0)}\mathbf{x}^{(0)} + \mathbf{b}^{(0)}] \tag{7-13}$$

其中，$\mathbf{x}^{(i)}$ 表示第 i 层的输出，$W^{(0)}$ 是第一层的权重矩阵，$\mathbf{b}^{(0)}$ 是第一层的偏置向量，f 是激活函数。下面的符号意义同上。深度神经网络模块的最终输出为：

$$y_{DNN} = x^{(l)} = f\left[W^{(l-1)} \mathbf{x}^{(l-1)} + b^{(l-1)} \right] \tag{7-14}$$

这里 $W^{(l-1)}$ 是第 l 层的权重矩阵（在此退化为向量），$b^{(l-1)}$ 是偏置（在此是一个实数），y_{DNN} 为实数。

嵌入层输出的嵌入向量不仅会输入深度神经网络模块，也会输入因子分解机模块，因子分解机模块和深度神经网络模块之间是并行关系。因子分解机模块的输出为：

$$y_{FM} = w_0 + \sum_{i=1}^{n} w_i x_i + \sum_{i=1}^{n} \sum_{j=i+1}^{n} \langle \mathbf{v}_i, \mathbf{v}_j \rangle x_i x_j \tag{7-15}$$

最后，DeepFM 模型的最终输出结果由输出单元生成，其值是因子分解机模块和深度网络模块的结果的平均值，再用 sigmoid 函数作用，公式如下：

$$\hat{y}(\mathbf{x}) = \text{sigmoid}(y_{DNN} + y_{FM}) \tag{7-16}$$

DeepFM 模型在 FM 的基础上融合了 DNN，这使得它具有同时学习低阶特征交叉和高阶特征交叉的能力。相比 FM 模型，它提高了模型的复杂度和泛化能力。但是，它仍然是一个静态模型，因为它假设用户的兴趣是不变的，这限制了模型的准确性。

7.3.2　基于自注意力机制的序列化推荐

注意力机制模仿的是生物观察行为的过程，它往往可以让主体聚焦于特定的区域范围，而自注意力机制是注意力机制的改进，它更擅长捕捉数据内部的相关性。自注意力机制由谷歌[27]将其发展为与卷积神经网络、循环神经网络等结构并列的一种深度学习工具。它已经被认为在多种任务中有效，例如，机器翻译[37]、计算机视觉[38]等。近年来，自注意力机制在推荐系统中也被得到关注，常用来处理序列化推荐问题，刻画用户动态的兴趣变化，预测用户下一步关注或购买的物品。

本质上，自注意力机制的思想是，输出依赖于输入中相关的部分，并且结合相对应的权重，这使得模型易于解释。在自注意力机制最早被提出的机器翻译领域，含有一串词的一句话被输入模型中；相应地，在推荐系统领域的序列化推荐问题中，用户的历史行为序列在经过嵌入层以后被输入到模型中。模型最终的输出，即预测的用户未来喜好，跟用户历史的行为涉及的物品有关。

自注意力机制的核心是 Query 向量、Key 向量和 Value 向量以及它们之间的交互，它们共同决定用户自身行为序列的关注点[27]，Query 向量、Key 向量和 Value 向量分别表示用户理想物品的特质、该物品所具有的特质，以及该物品的内容。这种思想来源于信息检索系统。例如，当我们在淘宝中搜索"黑色运动鞋"这一内容时，那么 ｛黑色、运动鞋｝ 这个特征集合用于建模 Query 向量，而搜索得到的商品所具有的特征用于建模 Key 向量，搜索得到的一个某品牌黑色运动鞋的商品本身用于建模 Value 向量。上述的 Query 向量、Key 向量和 Value 向量都由物品的嵌入向量 $\mathbf{x}$ 计算而来，公式如下：

$$\begin{cases} \mathbf{q} = W_Q \times \mathbf{x} \\ \mathbf{k} = W_K \times \mathbf{x} \\ \mathbf{v} = W_V \times \mathbf{x} \end{cases} \qquad (7-17)$$

其中，W_Q、W_K、W_V 三个矩阵都是权重矩阵。$\mathbf{q}$、$\mathbf{k}$、$\mathbf{v}$ 向量则分别表示该物品的 Query 向量、Key 向量和 Value 向量。

得到所有行为所对应的物品的 Query 向量、Key 向量和 Value 向量以后，自注意力机制就可以计算自注意力权重，从而得到最后的输出。对于第 i 个行为对应的物品（其他位置同理），它所对应的 Query 向量、Key 向量和 Value 向量分别是 q_i，k_i，$v_i \in R^{d \times 1}$，自注意力机制的输出为：

$$output_i = \sum_{j=1}^{n} \text{softmax}\left(\frac{q_i^T \cdot k_j}{\sqrt{d}} \right) \times v_j \qquad (7-18)$$

其中，$output_i \in R^{d \times 1}$ 是自注意力机制的输出，n 表示所有行为的数量。公式（7-18）实际上就是将所有物品的 Key 向量和用户此时想要的 Query 向量用相似度函数计算权重，然后利用多分类激活函数 softmax 得到权重后，分别与对应的物品 Value 向量加权后相加。与用户想要的特征更为契合的物品，其权重会更大，最终的输出结果也受该物品的影响更多。这就是自注意力机制运用于推荐系统领域的作用。如果宏观地考虑得到所有位置的输出，则公式（7-18）还可以进一步地表示成矩阵形式：

$$O = \text{softmax}\left(\frac{QK^T}{\sqrt{d}}\right)V \qquad (7-19)$$

其中，$Q = \begin{bmatrix} \mathbf{q}_1^T \\ \mathbf{q}_2^T \\ \vdots \\ \mathbf{q}_n^T \end{bmatrix}$、$K = \begin{bmatrix} \mathbf{k}_1^T \\ \mathbf{k}_2^T \\ \vdots \\ \mathbf{k}_n^T \end{bmatrix}$、$V = \begin{bmatrix} \mathbf{v}_1^T \\ \mathbf{v}_2^T \\ \vdots \\ \mathbf{v}_n^T \end{bmatrix}$、$O$ 是自注意力机制输出的矩阵形式。

在机器翻译领域，一个句子的每一个词都有可能跟上下文的任何一个词产生联系。例如，在"我觉得这样做不妥，因为这种行为是荒谬的"这句话中，前半句的"这样"实际上指的是后半句中的"这种行为"，换言之，后面的词语可以影响前面词语的含义。在这种情况下，词语和词语之间的自注意力权重都是需要计算的，不论它们之间的先后顺序如何。然而，在推荐系统领域，对于用户的行为而言，它们之间的影响与时间顺序有关，即该用户只有前面的行为和物品能影响或推断后面的行为及其所涉及的物品，反之则不成立。在这样的背景下，需要运用矩阵的掩蔽技术，即将矩阵的一部分用 0 来"遮盖"。由于前面的行为物品不能受后面行为物品的影响，所以进行归一化操作后矩阵右上角的元素应该都是 0，故在 softmax 函数进行作用前，矩阵右上角的元素应该都设为负无穷，其形状为：

$$\begin{pmatrix} a_{11} & -\infty & \cdots & -\infty \\ a_{21} & a_{22} & & -\infty \\ \vdots & \vdots & & -\infty \\ a_{n1} & a_{n2} & \cdots & a_{nn} \end{pmatrix}$$

接下来，本章将介绍两种经典的基于自注意力机制的序列化推荐模型，具体如下。

7.3.2.1　自注意力的序列化推荐模型

自注意力的序列化推荐模型（self-attentive sequential recommendation，SASRec）[29] 是最早的将自注意力机制用于推荐系统领域的工作之一。它通过自注意力机制学习用户行为涉及物品之间的相互关系，从而预测用户下一个要选择的物品。SASRec 模型主要可以分为四个部分，分别是嵌入层、自注意力层、前馈网络层以及预测层。

在嵌入层中，和前文"基于因子分解机的神经网络模型"所述内容一致，该层将物品都表示为欧式空间中的稠密向量。在自注意力层中，模型规定了用户的最大行为长度，超过此长度之前的用户行为将不参与建模，而长度不足的行为将在前面缺失的部分用 0 向量来代替，这样可以使得任何物品向量和缺失行为的内积都计算为 0，使得自注意力权重为 0，不会产生对最终结果的干扰。将模型规定的最大行为长度的物品嵌入向量矩阵输入自注意力层，输出的也是相同维度的结果矩阵。前馈网络层的输入是之前自注意力层的输出，它为模型加入非线性，以增加模型的表达能力。最后，在预测层，模型会将输出的结果和正确的结果（即事实上用户下一步选择的物品）做内积运算，再用 sigmoid 函数进行作用，产生的运算结果进入目标函数对模型参数进行更新。

7.3.2.2 时间间隔感知的自注意力序列化推荐

在传统的运用自注意力机制的模型中，涉及与顺序相关的信息是向模型中添加的位置信息的嵌入向量，除此之外缺少对时间相关的其他信息的利用。时间间隔感知的自注意力序列化推荐（time interval aware self-attention for sequential recommendation，TiSASRec）[39] 考虑了用户行为之间不同的时间间隔可能对用户的物品选择造成的影响，在自注意力权重的计算中加入了这个影响因素。

设 U 和 I 分别表示用户集合和物品集合。对于用户 $u \in U$，他的行为序列是 $S^u = (S_1^u, S_2^u, \cdots, S_{|S^u|}^u)$，其中，$S_t^u$ 表示该用户在第 t 次选择的物品，并且 $S_t^u \in I$。记 $|S^u|$ 为用户 u 的行为序列长度。每一个用户行为都有它的发生时间，与之对应的时间信息序列为 $T^u = (T_1^u, T_2^u, \cdots, T_{|S^u|}^u)$，$T_t^u$ 表示用户 u 在第 t 次选择物品的时间戳。与 SASRec 模型一样，设 n 是规定的模型最大允许长度，则实际上输入模型的用户行为序列是 $S = (S_1, S_2, \cdots, S_n)$。若原有的用户行为长度 $|S^u|$ 大于 n，则模型只考虑用户最近的 n 个行为；若 $|S^u|$ 小于 n，则前面空缺的行为用零来填充。与之对应的，时间信息序列也变为 $T = (t_1, t_2, \cdots, t_n)$，其中，$t_i$ 表示 s_i 行为发生的时间戳（即可靠的具体时间信

息）。若$|S^u|$小于n，则前面空缺的时间戳用s_1'对应的时间t_1'来填充，其中，s_1'表示第一个非填充用户行为涉及的物品。

模型利用用户行为的时间戳的差值来对时间间隔信息进行建模。考虑到用户行为模式以及购买频率等因素，对于每个用户而言，同样的时间间隔对不同用户的意义不同，故模型采用的不是时间间隔的绝对值，而是相对时间间隔。具体地，对于用户u的时间戳序列$T = (t_1, t_2, \cdots, t_n)$，所有的关于$t_i$，$t_j$两项的差的绝对值的集合设为$R^u$，则定义用户$u$的最小时间间隔$r_{\min}^u = \min(R^u)$。模型利用最小时间间隔对所有的时间间隔进行放缩，放缩后的时间间隔为$r_{ij}^u = \left\lfloor \dfrac{|t_i - t_j|}{r_{\min}^u} \right\rfloor$，这里的符号$\lfloor\ \rfloor$表示向下取整，故$r_{ij}^u$是自然数。由此，可以得到用户$u$的时间间隔矩阵为

$$M^u = \begin{bmatrix} r_{11}^u & r_{12}^u & \cdots & r_{1n}^u \\ r_{21}^u & r_{22}^u & \cdots & r_{2n}^u \\ \vdots & \vdots & & \vdots \\ r_{n1}^u & r_{n2}^u & \cdots & r_{nn}^u \end{bmatrix} \qquad (7-20)$$

另外，由于超过一定的阈值的过长时间间隔对用户选择物品的影响不再随时间间隔长度的增大而变大，故模型设置了一个时间间隔阈值k，对M^u中的每个元素进行处理，使得$\overline{r_{ij}^u} = \min(k, r_{ij}^u)$，这些$\overline{r_{ij}^u}$组合在一起即得到了$M_{clipped}^u$，它是用户处理后的时间间隔矩阵。

对于嵌入层，与其他模型不同的是，除了自注意力机制共同需要的位置嵌入的生成以及推荐系统对物品的嵌入以外，TiSASRec模型还对时间间隔进行了嵌入。首先，对出现过的所有物品序号都进行嵌入操作，得到物品嵌入矩阵$M^I \in R^{|I| \times d}$。对于每个用户的行为序列s中的每一个物品，从嵌入矩阵M^I中找到其对应的嵌入向量，堆叠起来即可以得到一个用户的物品嵌入矩阵$E^I \in R^{n \times d}$：

$$E^I = \begin{bmatrix} \mathbf{m}_{s_1} \\ \mathbf{m}_{s_2} \\ \vdots \\ \mathbf{m}_{s_n} \end{bmatrix} \qquad (7-21)$$

其中，$\mathbf{m}_{s_i} \in R^{1 \times d}$ 表示第 i 个物品的嵌入向量。

进一步地，嵌入层中还会学习用户各个行为所在位置的嵌入，用于给模型中添加位置信息。对于最后要生成的 Key 向量和 Value 向量，分别得到两个位置嵌入矩阵 $E_K^P \in R^{n \times d}$ 以及 $E_V^P \in R^{n \times d}$：

$$E_K^P = \begin{bmatrix} \mathbf{p}_1^k \\ \mathbf{p}_2^k \\ \vdots \\ \mathbf{p}_n^k \end{bmatrix}, \quad E_V^P = \begin{bmatrix} \mathbf{p}_1^v \\ \mathbf{p}_2^v \\ \vdots \\ \mathbf{p}_n^v \end{bmatrix} \qquad (7-22)$$

其中，$\mathbf{p}_i^k \in R^{1 \times d}$ 和 $\mathbf{p}_i^v \in R^{1 \times d}$ 分别表示物品 i 所对应行为的位置 Key 向量和位置 Value 向量

TiSASRec 的一个创新之处就是考虑了用户行为之间的时间间隔信息，将 $M_{clipped}^u$ 中已经整数化的时间间隔 $\overline{r_{ij}^u}$ 进行嵌入后，同位置嵌入矩阵一样，分别生成与 Key 向量和 Value 向量有关的两个时间间隔嵌入矩阵 $E_K^R \in R^{n \times n \times d}$ 以及 $E_V^R \in R^{n \times n \times d}$：

$$E_K^R = \begin{bmatrix} \mathbf{r}_{11}^k & \mathbf{r}_{12}^k & \cdots & \mathbf{r}_{1n}^k \\ \mathbf{r}_{21}^k & \mathbf{r}_{22}^k & \cdots & \mathbf{r}_{2n}^k \\ \vdots & \vdots & & \vdots \\ \mathbf{r}_{n1}^k & \mathbf{r}_{n2}^k & \cdots & \mathbf{r}_{nn}^k \end{bmatrix}, \quad E_V^R = \begin{bmatrix} \mathbf{r}_{11}^v & \mathbf{r}_{12}^v & \cdots & \mathbf{r}_{1n}^v \\ \mathbf{r}_{21}^v & \mathbf{r}_{22}^v & \cdots & \mathbf{r}_{2n}^v \\ \vdots & \vdots & & \vdots \\ \mathbf{r}_{n1}^v & \mathbf{r}_{n2}^v & \cdots & \mathbf{r}_{nn}^v \end{bmatrix} \qquad (7-23)$$

其中，$\mathbf{r}_{ij}^k \in R^{1 \times d}$ 和 $\mathbf{r}_{ij}^v \in R^{1 \times d}$ 分别表示行为 i 和行为 j 之间的归一化时间间隔 $\overline{r_{ij}^u}$ 的嵌入 Key 向量和 Value 向量。由于同一个行为自身和自身的时间间隔为 0，所以这两个矩阵的主对角元都是 0，且它们都是对称矩阵。

在将上述的信息生成嵌入向量以后，把它们都输入自注意力机制，输出的向量序列设为 $Z = (\mathbf{z}_1, \mathbf{z}_2, \cdots, \mathbf{z}_n)$，$\mathbf{z}_i \in R^d$，它的计算公式如下：

$$\mathbf{z}_i = \sum_{j=1}^{n} \alpha_{ij}(\mathbf{m}_{s_j} W^V + \mathbf{r}_{ij}^v + \mathbf{p}_j^v) \qquad (7-24)$$

其中，W^V 是将物品嵌入向量投影为 Value 向量的投影矩阵，括号中的其他变量符号由前所述。公式（7-24）中的归一化自注意力权重 α_{ij} 由自注意力权重 e_{ij} 通过 softmax 操作得到，而自注意力权重 e_{ij} 由 Query 向量和 Key 向量以及

其他信息计算而来，公式如下：

$$e_{ij} = \frac{\mathbf{m}_{s_i} W^Q \, (\mathbf{m}_{s_j} W^K + \mathbf{r}_{ij}^k + \mathbf{p}_k^j)^T}{\sqrt{d}} \tag{7-25}$$

其中，$W^Q \in R^{d \times d}$ 和 $W^K \in R^{d \times d}$ 分别是将嵌入向量投影为 Query 向量和 Key 向量的投影矩阵。

由于模型在可利用的信息方面加入了行为时间间隔，它在一定程度上与用户本身的行为模式有关，因此 TiSASRec 相比 SASRec 是一个更加精确的模型。但是，它们的模型结构本质上仍然是基于自注意力机制的，因此存在和其他此类模型相同的问题，即在学习低阶特征交叉方面存在不足。另外，由于数据中的时间戳信息经常存在误差，例如电影网站上统计的用户看电影的时间很可能只是用户评论电影的时间而并不是实际上用户观看电影的时间，这种情况可能会使得 TiSASRec 模型的输出结果存在一些偏差。

7.4 本 章 小 结

本章介绍了因子分解机和基于自注意力机制的相关推荐系统模型，为本章提出的模型提供了丰富的理论基础和广阔的思路。首先，本章详细地介绍了因子分解机模型的产生由来和内容，归纳了它的优点以及不足，并介绍了在其基础之上的特征交叉的相关模型。其次，本章阐述了自注意力机制的原理，并在后面的内容中介绍了目前序列化推荐领域中一些自注意力机制的相关工作，总结了它们的优势和缺点，为本章的工作提供了很好的思路。

本章参考文献

［1］Keele S. Guidelines for performing systematic literature reviews in software engineering ［R］. Technical Report，Ver. 2. 3 EBSE Technical Report. EBSE，2007.

［2］冼海锋，沈韬，曾凯. 融合上下文信息的混合神经网络序列推荐模

型 [J]. 小型微型计算机系统, 2022 (10): 2131 – 2136.

[3] 高广尚. 深度学习推荐模型中的注意力机制研究综述 [J/OL]. 计算机工程与应用, 2022 (9): 9 – 18.

[4] Jhamb Y, Ebesu T, Fang Y. Attentive contextual denoising autoencoder for recommendation [C]. Proceedings of the 2018 ACM SIGIR International Conference on Theory of Information Retrieval, 2018: 27 – 34.

[5] Tay Y, Luu A T, Hui S C. Multi-pointer co-attention networks for recommendation [C]. Proceedings of the 24th ACM SIGKDD International Conference on Knowledge Discovery & Data Mining, 2018: 2309 – 2318.

[6] 黄立威, 江碧涛, 吕守业, 等. 基于深度学习的推荐系统研究综述 [J]. 计算机学报, 2018, 41 (7): 1619 – 1647.

[7] Goldberg K, Roeder T, Gupta D, et al. Eigentaste: A constant time collaborative filtering algorithm [J]. Information Retrieval, 2001, 4 (2): 133 – 151.

[8] Koren Y, Bell R, Volinsky C. Matrix factorization techniques for recommender systems [J]. Computer, 2009, 42 (8): 30 – 37.

[9] Bell R M, Koren Y. Scalable collaborative filtering with jointly derived neighborhood interpolation weights [C]. Seventh IEEE International Conference on Data Mining (ICDM 2007). IEEE, 2007: 43 – 52.

[10] Koren Y. Factorization meets the neighborhood: A multifaceted collaborative filtering model [C]. Proceedings of the 14th ACM SIGKDD International Conference on Knowledge Discovery and Data Mining, 2008: 426 – 434.

[11] Rendle S. Factorization machines [C]. 2010 IEEE International Conference on Data Mining. IEEE, 2010: 995 – 1000.

[12] Qu Y, Cai H, Ren K, et al. Product-based neural networks for user response prediction [C]. 2016 IEEE 16th International Conference on Data Mining (ICDM). IEEE, 2016: 1149 – 1154.

[13] Alvarez M M, Kruschwitz U, Kazai G, et al. Proceedings of the First International Workshop on Recent Trends in News Information Retrieval Co-located with 38th European Conference on Information Retrieval (ECIR 2016), 2016.

［14］Cheng H T, Koc L, Harmsen J, et al. wide & deep learning for recommender systems ［C］. Proceedings of the 1st Workshop on Deep Learning for Recommender Systems, 2016: 7 - 10.

［15］Wang R, Fu B, Fu G, et al. Deep & cross network for ad click predictions ［M］. Proceedings of the ADKDD'17, 2017: 1 - 7.

［16］Guo H F, Tang R M, Ye Y M, et al. DeepFM: A factorization-machine based neural network for CTR prediction ［J］. arXiv Preprint arXiv: 1703. 04247, 2017.

［17］Xiao J, Ye H, He X, et al. Attentional factorization machines: Learning the weight of feature interactions via attention networks ［J］. arXiv Preprint arXiv: 1708. 04617, 2017.

［18］He X, Chua T S. Neural factorization machines for sparse predictive analytics ［C］. Proceedings of the 40th International ACM SIGIR Conference on Research and Development in Information Retrieval, 2017: 355 - 364.

［19］Rendle S, Freudenthaler C, Schmidt-Thieme L. Factorizing personalized markov chains for next-basket recommendation ［C］. Proceedings of the 19th International Conference on World Wide Web, 2010: 811 - 820.

［20］Wang P, Guo J, Lan Y, et al. Learning hierarchical representation model for nextbasket recommendation ［C］. Proceedings of the 38th International ACM SIGIR Conference on Research and Development in Information Retrieval, 2015: 403 - 412.

［21］He R, Kang W C, McAuley J. Translation-based recommendation ［C］. Proceedings of the Eleventh ACM Conference on Recommender Systems, 2017: 161 - 169.

［22］He R, McAuley J. Fusing similarity models with markov chains for sparse sequential recommendation ［C］. 2016 IEEE 16th International Conference on Data Mining (ICDM). IEEE, 2016: 191 - 200.

［23］Tang J, Wang K. Personalized top-n sequential recommendation via convolutional sequence embedding ［C］. Proceedings of the Eleventh ACM International Conference on Web Search and Data, Mining, 2018: 565 – 573.

[24] Hidasi B, Karatzoglou A, Baltrunas L, et al. Session-based recommendations with recurrent neural networks [J]. arXiv Preprint arXiv: 1511. 06939, 2015.

[25] Quadrana M, Karatzoglou A, Hidasi B, et al. Personalizing session-based recommendations with hierarchical recurrent neural networks [C]. Proceedings of the Eleventh ACM Conference on Recommender Systems, 2017: 130 – 137.

[26] Wu C Y, Ahmed A, Beutel A, et al. Recurrent recommender networks [C]. Proceedings of the Tenth ACM International Conference on Web Search and Data Mining, 2017: 495 – 503.

[27] Vaswani A, Shazeer N, Parmar N, et al. Attention is all you need [J]. Advances in Neural Information Processing Systems, 2017, 30.

[28] Zhou G, Zhu X, Song C, et al. Deep interest network for click-through rate prediction [C]. Proceedings of the 24th ACM SIGKDD International Conference on Knowledge Discovery & Data Mining, 2018: 1059 – 1068.

[29] Kang W C, McAuley J. Self-attentive sequential recommendation [C]. 2018 IEEE International Conference on Data Mining (ICDM). IEEE, 2018: 197 – 206.

[30] Zhou G, Mou N, Fan Y, et al. Deep interest evolution network for click-through rate prediction [C]. Proceedings of the AAAI Conference on Artificial Intelligence, 2019, 33 (1): 5941 – 5948.

[31] Sun F, Liu J, Wu J, et al. BERT4Rec: Sequential recommendation with bidirectional encoder representations from transformer [C]. Proceedings of the 28th ACM International Conference on Information and Knowledge Management, 2019: 1441 – 1450.

[32] Li C, Liu Z, Wu M, et al. Multi-interest network with dynamic routing for recommendation at Tmall [C]. Proceedings of the 28th ACM International Conference on Information and Knowledge Management, 2019: 2615 – 2623.

［33］ Cen Y, Zhang J, Zou X, et al. Controllable multi-interest framework for recommendation ［C］. Proceedings of the 26th ACM SIGKDD International Conference on Knowledge Discovery & Data Mining, 2020: 2942 – 2951.

［34］ Feng Y, Lv F, Shen W, et al. Deep session interest network for click-through rate prediction ［J］. arXiv preprint arXiv: 1905. 06482, 2019.

［35］ Pi Q, Zhou G, Zhang Y, et al. Search-based user interest modeling with lifelong sequential behavior data for click-through rate prediction ［C］. Proceedings of the 29th ACM International Conference on Information & Knowledge Management, 2020: 2685 – 2692.

［36］ Gu Y, Ding Z, Wang S, et al. Deep multifaceted transformers for multi-objective ranking in large-scale e-commerce recommender systems ［C］. Proceedings of the 29th ACM International Conference on Information & Knowledge Management, 2020: 2493 – 2500.

［37］ Bahdanau D, Cho K, Bengio Y. Neural machine translation by jointly learning to align and translate ［J］. arXiv Preprint arXiv: 1409. 0473, 2014.

［38］ Xu K, Ba J, Kiros R, et al. Show, attend and tell: Neural image caption generation with visual attention ［C］. International Conference on Machine Learning. PMLR, 2015: 2048 – 2057.

［39］ Li J, Wang Y, McAuley J. Time interval aware self-attention for sequential recommendation ［C］. Proceedings of the 13th International Conference on Web Search and Data Mining, 2020: 322 – 330.

第8章

自注意力推荐模型的偏差修正

目前，基于自注意力机制的模型已经成为序列化推荐领域的主流模型。由于自注意力机制使得物品推荐具有很好的可解释性[1]，以及计算序列间关系不受距离影响等原因，基于自注意力机制的模型逐渐取代了循环神经网络以及基于马尔科夫链的模型。然而，现有的基于自注意力机制的模型没有考虑用户本身对于其选择物品之间自注意力权重的影响，并且没有充分利用数据中可能存在的低阶特征交叉信息。由此，本章提出了一种基于权重偏差和特征融合的自注意力推荐模型（self-attention sequential recommendation model with weight bias and feature fusion，SAS-WBFF）。它的自注意力机制中的偏差机制以及融合了因子分解机的模型结构可以有效地解决上述的两个问题。

8.1 模 型 框 架

本章提出的 SAS-WBFF 模型的整体结构是由自注意力机制部分和因子分解机模型[2]部分融合而成。其中自注意力机制部分本质是一个深度学习模型，由于前馈神经网络层的存在，它可以学习到高阶特征的交叉。而因子分解机是一个二阶交叉的模型，可以很好地学习推荐系统数据中的低阶特征交叉。将二者进行融合，模型便可以同时学习高阶特征交叉和低阶特征交叉，从而得以充分利用数据中的信息。另外，本章根据用户的行为模式，对自注意力机制中的自注意力权重的计算也进行了一定的改进，使得模型对用户未来行为的预测更加准确。

设已有数据是用户 x 以及他的行为 $S_x = \{x_1, x_2, \cdots, x_l\}$，其中 x_i 是用户的第 i 次行为所涉及的物品的编号。我们首先将这些物品都输入一个嵌入层，生成所对应的 d 维稠密向量 $[\mathbf{a}_1, \mathbf{a}_2, \cdots, \mathbf{a}_l]$，接着把这些向量输入自注意力机制模块以及特征融合模块，最终生成模型的输出。模型整体架构的表达式如下：

$$o = \alpha \times o_1 + (1 - \alpha) \times o_2$$
$$= \alpha \times Attention(\mathbf{a}_1, \mathbf{a}_2, \cdots, \mathbf{a}_l, \mathbf{a}) + (1 - \alpha) \times FM(\mathbf{a}) \qquad (8-1)$$

其中，$\mathbf{a}$ 是待预测物品编号经过嵌入层后生成的向量，$Attention$ 和 FM 分别表示模型的自注意力机制模块以及特征融合模块（在本章中是因子分解机模块）。$o \in (0, 1)$ 是模型最终的输出，o_1 和 o_2 分别表示自注意力机制模块和特征融合模块的输出。α 是自适应模型融合的权重，它和两个模型的其他参数一起训练，它的范围是 $\alpha \in (0, 1)$。对于不同稠密程度、不同用户行为长度以及不同大小的数据集，网络最终学习到的 α 的值是不一样的；但是对于同一个数据集，模型最终收敛时，α 的值总会落在一个小的范围中。

8.2 自注意力机制模块

我们的自注意力机制模块和 SASRec 模型[3]的网络结构大体相同。首先，对于用户 u 以及他的行为 $S_u = \{S_1,\ S_2,\ \cdots,\ S_l\}$，先经过一个嵌入层得到每一个物品对应的 d 维稠密向量，组合起来即为 $A = [\mathbf{a}_1,\ \mathbf{a}_2,\ \cdots,\ \mathbf{a}_l]^T \in R^{l \times d}$。这里的 l 是用户行为的长度，是一个给定的超参数。如果用户的行为长度小于这个给定的超参数，则前面的部分用 0 向量来进行填补。

其次，向量会通过网络的注意力层。我们将物品的嵌入向量转化为自注意力机制中有意义的 Query 向量、Key 向量、Value 向量，分别代表用户需求的特征、每个物品的特征以及每个物品的内容。分别用矩阵 A 乘以对应的可学习矩阵便能得到代表 Query 向量、Key 向量、Value 向量的 Q, K, V 矩阵：

$$\begin{cases} Q = A \times W^Q \\ K = A \times W^K \\ V = A \times W^V \end{cases} \tag{8-2}$$

其中，W^Q, W^K, $W^V \in R^{d \times d}$。自注意力层会通过生成自注意力权重矩阵，进而得到用户在每一个时间点的兴趣向量结果：

$$S = \mathrm{softmax}\left(\frac{QK^T}{\sqrt{d}} + B^T\right)V \tag{8-3}$$

其中，$B \in R^{l \times l}$ 是自注意力权重偏差调制矩阵。本章的后面的部分将对这个矩阵的由来和作用作详细的阐述。

到目前为止，这个模型仍然是一个线性模型。为了给模型增加非线性，上一步的输出会继续进入一个前馈神经网络层，它由两层线性层组成：

$$F = FN(S) = f[f(SW_1 + \mathbf{b}_1)W_2 + \mathbf{b}_2] \tag{8-4}$$

其中，f 是非线性的激活函数，在这里取修正线性单元（ReLU），因为它在生物学上被认为非常合理，并且被证明是非饱和的[4]。W_1, $W_2 \in R^{d \times d}$ 分别是第一个线性层和第二个线性层的权重矩阵，$\mathbf{b}_1$, $\mathbf{b}_2 \in R^d$ 则分别是两个线性层的偏置向量。

为了增加模型的复杂性,我们会重复以上两个层,即注意力层和前馈神经网络层。故自注意力机制整体模型的表达式如下:

$$Attention(A) = Attention_n \{ \cdots Attention_2 [Attention_1(A)] \cdots \} \quad (8-5)$$

$$Attention_i = FN[ATT(A)] \quad (8-6)$$

其中,$Attention$ 表示自注意力机制模块整体部分,$Attention_i$ 表示其中的第 i 层,FN 和 ATT 分别表示前馈神经网络层和自注意力层。n 表示的是注意力层和前馈神经网络层的层数。为了保证模型的复杂度而又不引起过拟合,一般 n 取 2,详细内容可见后文实验部分的具体设置。

最后的结果输出层把网络输出结果所代表的用户此刻的兴趣向量与待预测物品编号嵌入生成的向量 **a** 二者做内积处理,即得到了自注意力机制模块的输出结果:

$$output_1 = sigmoid(\langle \mathbf{a}, Attention(A) \rangle) \quad (8-7)$$

其中,$\langle \cdot , \cdot \rangle$ 指的是内积运算。

在本模型中,兴趣向量和用户下一时刻实际选择的物品向量 **a** 的相似度函数取内积函数而不取 MLP 的理由是内积是一种在欧氏空间中优良的向量相似度刻画函数,而 MLP 在拟合内积函数时表现比较差[5]。除此之外,一般认为在相似度函数相关的两个向量中,如果这两个向量含有边信息等额外信息,MLP 的效果会优于内积函数,因为它能够学习到更加复杂的特征之间的关系。但是,在本章的模型中,向量只是单一地对物品编号进行嵌入操作的产物,因此没有必要运用 MLP。综上所述,这就是本章采用内积函数作为相似度函数的原因。

另外,为了避免自注意力层的层数堆叠过深反而导致训练效果变差的问题(即神经网络的退化问题),模型采用了残差网络使得实验结果更好。具体做法是,在输入向量 **a** 每一次进入自注意力层之后,在网络输出的结果上都要再加上输入向量 **a**。这样做的好处如下:首先,如果底层特征是有用的,那么残差网络可以将底层特征直接传播至最后一层;其次,研究表明在每一次预测用户的下一次行为时,用户的最近一次的行为对预测起到了至关重要的作用[6][7][8],而残差网络可以使得最近一次行为的物品信息直接进入最后的预测层发挥作用;最后,残差网络可以有效地改善神经网络的退化问题,对神经网络退化问题的一个合理推测是，神经网络不容易拟合一个恒等映射，所以残差网络天然构造的恒等映射就可以解决这个问题。

8.3　偏差调制策略

在公式（8-3）中，在原有的自注意力权重计算公式中添加了矩阵 B^T，它就是自注意力权重偏差调制矩阵，用于对原有的注意力分布进行微调。自注意力机制运用在推荐系统领域中，所预测的结果受物品的影响较大，而忽略了用户自身行为模式对结果的影响。本模型进一步捕捉了用户时序规律，从而提高预测性能。自注意力机制通过直接关注输入序列中的所有位置，对全局依赖性进行建模，但是它却没有考虑行为之间的距离[10][11][12]。实际上，用户对物品的兴趣会受到之前行为的影响，并且这个影响不仅仅与物品和物品之间的相似程度有关，也与用户接触这些物品的行为顺序有较大关系。例如，某个用户很可能在看了《战狼》以后，受其影响，在后面的两次观影后会再次观看相似类型的战争片《长津湖》（该用户每隔两次就会看近似类型的电影），并且该用户的这种行为模式对其他类型的电影也适用。换言之，用户对物品的兴趣可能会受来自身行为顺序的微小的影响，这与人们的行为模式有关，如图8-1所示。基于此，本章为了对用户行为的注意力刻画更加精准，引入了偏差机制来捕获与用户局部行为位置顺序有关的信息，进一步对注意力权重进行微调。

因为用户的行为模式并不能预先通过数据集或其他方式来直接得知，在这种情况下添加不符合用户行为模式的偏差反而可能会降低模型的准确性，所以本章根据不同的行为模式［12］添加了相应的自注意力权重偏差。

总体而言，本章设计的偏差可以分为两大类，第一类偏差假设用户本身行为模式的影响仅与行为物品顺序有关，并且该偏差没有其他先验信息；第二类偏差假设用户的行为会对后面的行为产生影响，并且这种影响的大小服从一定的关于行为位置的分布。不同的分布用来拟合用户可能存在的各种行为模式。为了拟合可能存在的行为模式，本章在第二类偏差中设置了三种不同的偏差类型，它们可以适应各种数据集中用户可能存在的行为模式。另外，本章的偏差调制是一种方法论，可以运用在任何含有自注意力机制的序列化推荐模型中。

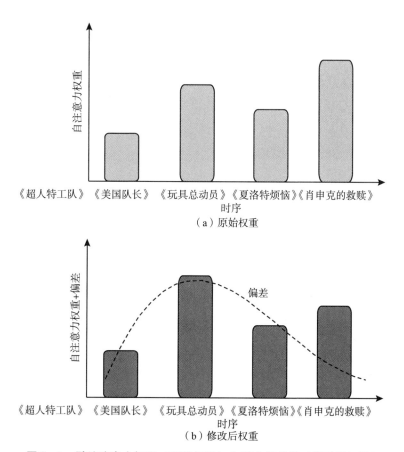

（a）原始权重

（b）修改后权重

图 8－1 默认注意力权重（原始权重）加载上偏差值（修改后权重）

注意力权重和偏差值更新后权重

图 8－1 自注意力权重的变化。原始的注意力权重图（a）展示了该用户在观看《超人特工队》（第一部电影）后看过的电影与《玩具总动员》（第三部电影）之间的相似度。图（b）则表示用户看过的超人特工队对其以后行为的影响力分布偏差，这个分布表示用户在看过一个电影后的同类型电影

（动画片）受之前电影的影响偏差最大。二者结合便得到了图（b）的修正后的自注意力权重。

在公式（8-3）中，$B_{ij} = (B)_{ij}$ 表示用户的第 i 个行为对第 j 个行为的位置偏差影响，且 $i, j \in \{1, 2, \cdots, l\}$。如无特殊说明，本章中后文所有公式中的 B_{ij} 的定义都同上。设 $QK^T / \sqrt{d} = W$，并忽略矩阵 B 的转置，则公式（8-3）变为：

$$S = \mathrm{softmax}(W + B)V \tag{8-8}$$

即自注意力权重部分变为 $\mathrm{softmax}(W + B)$。因为 softmax 函数实质上是对权重添加底数 e 并进一步对数据进行归一化的复合过程，而放缩并不影响各部分权重的相对大小，故 $\mathrm{softmax}(W + B)$ 对原来的自注意力权重 $\mathrm{softmax}(W)$ 的影响等价于 e^{W+B} 对 e^W 的影响，即

$$e^{W+B} = e^W \times e^B \tag{8-9}$$

由公式（8-9）可得，e^B 就是偏差在实质上对源自注意力权重的影响。在下文偏差与某种概率模型相关的情况下，e^B 就是这种概率分布的密度函数。

下面将分别介绍 4 种类型的偏差，它们适合的用户行为和场景稍有不同。其中第一种偏差假设用户行为的影响的分布未知，但影响的强度仅与两个行为与现在的行为距离有关；后三种偏差都假设用户的行为对后面的行为有先增大后减小的影响，但是这种影响的变化趋势略有不同。

8.3.1　自适应偏差

假设用户的行为之间有隐藏的、与行为顺序有关的一些关系，例如，用户的倒数第三个行为可能会对用户的倒数第一个行为有着更加强大的影响力，这就是自适应偏差（adaptive bias，Ad-bias）的产生由来。这种影响力偏差的分布是未知的，与行为涉及的具体物品和用户无关，并且仅与用户行为顺序有关。此时，对于长度为 l 的用户序列 S，自注意力权重偏差调制矩阵 $B \in R^{l \times l}$ 是一个可学习矩阵，其任意一个元素 b_{ij} 都仅与它的位置坐标 (i, j) 有关。这个矩阵的学习没有任何其他先验条件，将其进行随机初始化即可。图 8-2 展示了 Ab-bias 的图像。

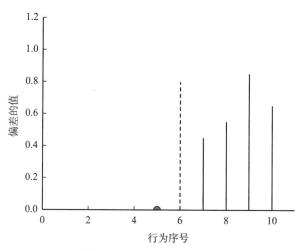

图 8 - 2　Ab-bias 值的图像

注：半圆形点指的是产生影响的行为序号（图中显示的是第 5 次行为），其他竖线的长度则表示了后面的用户行为受第 5 个行为的影响大小。

8.3.2　高斯分布的偏差

在关于翻译模型的工作[9]中提出，在一个句子中，每个单词可能会跟另外一个单词进行"对齐"，并且与对齐词周围的词在意义方面也会有更强的关联。受其启发，本章假设在用户行为方面，也会有类似的规律，并由此设计了高斯分布的偏差（Gaussian bias，G-bias）。在这种假设下，每个用户行为都会对其后面的行为产生影响，并且我们假定这种由位置因素产生的影响是先增大后减小的。这样，每个行为 i 就会在其后的行为中产生一个"位置影响中心"，设其为 t_i，它因位置因素受到行为 i 的位置影响最大，并且越靠近"位置影响中心"的行为受行为 i 的影响越大，图 8 - 3 展示了 G-bias 的图像。由公式（8 - 9），行为 j 受到行为 i 的位置因素影响偏差由正态分布概率密度函数来决定，具体如下：

$$e^{B_{ij}} = \frac{1}{\sqrt{2\pi}\sigma_i} e^{-\frac{(j-t_i)^2}{2\sigma_i^2}} \qquad (8-10)$$

两边取对数，再忽略常数项即可得

$$B_{ij} = -\frac{(j-t_i)^2}{2\sigma_i^2} \qquad (8-11)$$

其中，σ_i 是方差，t_i 是行为 i 产生的位置影响中心。

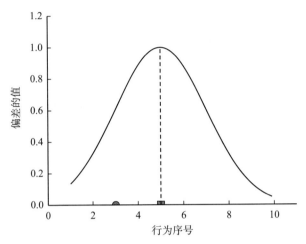

图 8 – 3　G-bias 值的函数图像

注：半圆形点指的是产生影响的行为序号（图中显示的是第 3 次行为），而长方形点则表示受用户习惯行为位置顺序影响最大的行为序号（图中显示的是第 5 次行为）。

显然，$t_i \in (1, l)$。为了得到这个位置影响中心，首先要学习一个值介于 0 ~ 1 的位置影响中心比例系数 p_i，用它乘以 l 便可以得到位置影响中心 t_i。为了提高泛化能力，这里使用一个隐藏层来学习位置影响中心比例系数 p_i，公式如下：

$$p_i = \text{sigmoid}\left[U_p^T \tanh(W_p \mathbf{q}_i) \right] \qquad (8-12)$$

其中，$U_p \in R^d$ 是一个线性投影矩阵，$W_p \in R^{d \times d}$ 是可学习参数矩阵，$\mathbf{q}_i$ 则是物品 i 的 Query 向量；sigmoid 函数将输出的结果映射到（0，1）中。从这个公式可以看出，不同的物品的位置影响中心的比例系数是不同的。接下来，将位置影响中心比例系数乘以行为总长度，就得到了位置影响中心：

$$t_i = p_i \times l \qquad (8-13)$$

对于方差，由于它和位置影响中心类似，都与物品本身有关，故它的计算方式与位置影响中心的计算方式也类似，首先计算出方差比例系数：

$$z_i = \text{sigmoid}\left[U_d^T \tanh(W_p \mathbf{q}_i) \right] \qquad (8-14)$$

再用它乘以行为总长度即得物品 i 最终的方差：

$$\sigma_i = z_i \times l \qquad (8-15)$$

将得到的位置影响中心和方差都代入公式（8 - 12）以后，即可得到服从高斯分布的 G-bias 矩阵。

8.3.3　绝对值偏差

与高斯分布的偏差类似，绝对值偏差（absolute bias，Ab-bias）也基于位置影响力先增大后减小的假设，并且这个影响服从拉普拉斯分布，但是它的变化幅度相比高斯分布的偏差更大，特别是在影响力最大的位置附近，如图 8 - 4 所示。其计算公式如下：

$$B_{ij} = -\frac{|j - t_i|}{\sigma_i/2} \qquad (8-16)$$

其中，$|\cdot|$ 指的是绝对值符号。

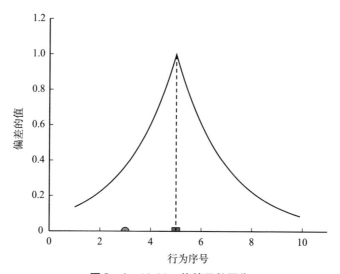

图 8 - 4　Ab-bias 值的函数图像

注：半圆形点指的是产生影响的行为序号（图中显示的是第 3 次行为），而长方形点则表示受用户习惯行为位置顺序影响最大的行为序号（图中显示的是第 5 次行为）。

8.3.4　对数正态分布偏差

人们对相似事物的兴趣的变化幅度在前期和后期并不一定是相同的，就

像人们学习新事物一样。刚开始，人们会很快掌握学到的知识点，掌握的知
识量在很短的时间内急速增加。然而如果不进行复习，那么已有的知识也会
随时间的流逝被缓慢遗忘。人们对某类事物的兴趣也类似，很有可能在看了
某部电影的后面一段时间对相似电影的兴趣突然增长，然而在另一段时间后
又逐渐减少，并且这种减少的幅度并不及之前兴趣上升的幅度。换言之，这
种因位置而产生的偏差的值会先增大再减小，并且它增大的幅度大于减小的
幅度。对数正态分布则完美地满足这个性质，由此产生了对数正态分布偏差
（lognormal bias，L-bias），如图 8 - 5 所示。在其表达公式（8 - 9）中，e^B 就
是对数正态分布的概率密度函数，具体如下：

$$e^{B_{ij}} = \frac{1}{(j-i)\sqrt{2\pi}\sigma_i} e^{-\frac{1}{2\sigma_i^2}[\ln(j-i)-t_i]} \tag{8-17}$$

忽略常数项，进一步可得

$$B_{ij} = -\frac{\ln(j-i)-t_i}{2\sigma_i^2} \times \ln\frac{1}{j-i} \tag{8-18}$$

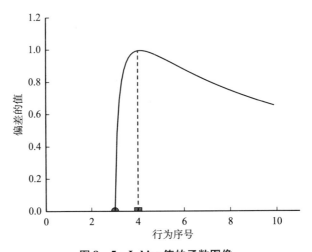

图 8 - 5　L-bias 值的函数图像

注：半圆形点指的是产生影响的行为序号（图中显示的是第 3 次行为），而长方形点则表示受用
户习惯行为位置顺序影响最大的行为序号（图中显示的是第 4 次行为）。

8.4 特征融合实验结果及分析

特征融合模块在本模型中是因子分解机模块。由整体模型架构的公式 (8 - 1) 可知，因子分解机模块会参与最终结果的运算。和自注意力机制的输入需要一串用户行为序列不同，因子分解机从时间意义上而言是一个 "静态模型"，它只能对用户当下的兴趣进行判断。在模型进行训练时，因子分解机模块的输入是用户下一次行为的物品嵌入向量，这些输入分为正负样本。另外，为了加快模型的运算速度，本章在嵌入向量输入因子分解机模块前让它通过了一个全连接层，使得其维度降低，这样可以大大减少因子分解机模块的参数量，提高模型的运行速度。

8.4.1 模型训练

由于模型输出的结果本质是在判断某一个物品是否是用户下一次的选择，本章采用二元交叉熵损失函数对整体模型进行训练。设 y_i 是标记正负样本的变量，$y_i = \{0, 1\}$，0 表示负样本，1 表示正样本。o 表示模型最终的输出结果，结果接近 1 说明模型认为输入物品是下一个用户待选物品的可能性大，反之则反。模型的目标函数如下：

$$loss = \sum_i - \big[y_i \log(o) + (1 - y_i) \log(1 - o) \big] \qquad (8 - 19)$$

在优化器方面，本章采用常用于处理推荐系统问题的 Adam 优化器[13]，它兼具自适应学习率的梯度下降法[14]（adagrad）和动量梯度下降法[15]（momentum）的优势，既能适应稀疏梯度，又能缓解梯度振荡问题。Adam 优化器有两个参数 β_1 和 β_2，分别表示上一个梯度的加权系数以及上个梯度平方的加权系数。在本章中，(β_1, β_2) 的取值为 $(0.90, 0.98)$。

8.4.2 实验数据集和评价指标

在本章实验中，我们将利用四个公开的数据集：ML-100K[16]，ML-1M，

Last. fm[17]以及 Video[18]进行实验验证和结果分析。这四个数据集的基本性质如表 8 - 1 所示。

表 8 - 1   四个数据集的基本性质

数据集	用户数量（个）	物品数量（部/个）	交互数	平均每个用户的交互数	稠密度（%）
ML-100K	943	1682	98114	104. 04	6. 19
ML-1M	6040	3952	988129	163. 6	4. 14
Last. fm	1892	17632	182873	96. 16	0. 55
Video	31013	23715	225305	7. 26	0. 03

8. 4. 2. 1   ML-100K

这个数据集属于 MovieLens 系列数据集之一，是一个非常著名的电影评分数据集。它是明尼苏达大学 GroupLens 研究项目团队于 1997 年 9 月至 1998 年 4 月在 Movielens. umn. edu 网站上收集获得的。该数据集一共包含 100 万条数据，涵盖了 943 个用户以及与他们有关的 1682 部电影，每一条数据不仅含有用户和物品信息，还含有用户对物品的评分信息以及时间戳。在收集数据时，一般要求每个用户至少给 20 个电影打过分。

8. 4. 2. 2   ML-1M

这个数据集也属于 MovieLens 系列数据集。它由 2000 年加入 MovieLens 的 6040 个用户与他们看过的大约 3900 部电影的有关信息组成，每条信息包含用户和物品编码、用户对电影的评分以及时间戳，共有 1000209 条数据。

8. 4. 2. 3   Last. fm

Last. fm 的数据由 Last. fm 音乐网站生成，包含了用户的社交网络信息，用户收听的艺术家名称，以及用户收听的歌曲的所属风格类别。它包含 1892

个用户以及 17632 个艺术家。其主要数据部分，即用户 – 艺术家交互部分，共有 182873 条记录，每条记录包含了用户信息，用户收听的歌曲所对应的艺术家信息，歌曲所属类别以及收听的时间戳。

8.4.2.4 Video

Amazon 系列数据集是由 Amazon. com 上面抓取的大量的产品评论的语料库生成的，而 Video 数据集则记录了用户对于电子游戏的选择信息。该数据集拥有 31013 个用户的行为信息，涉及 23715 个电子游戏产品，并共有 225305 条用户产品之间的交互记录。

本章采用了两种推荐系统领域刻画模型准确度的指标：归一化折扣累积增益 NDCG@ 10 和命中率 HR@ 10。首先，累积增益 CG 定义为模型生成的推荐列表的所有物品与用户之间的相关性之和，计算如下：

$$\text{CG@k} = \sum_{i=1}^{k} rel(i) \tag{8-20}$$

其中 k 指的是推荐列表的物品数量，$rel(i)$ 是物品 i 与用户的相关性，在后文中有对其取值的叙述。考虑推荐列表中物品的位置的影响，由于越靠前的物品越容易被用户发现，所以 DCG 在 CG 的基础上加入了位置加权因子。折扣累计增益 DCG 的公式如下：

$$\text{DCG@k} = \sum_{i=1}^{k} \frac{rel(i)}{\log_2(i+1)} \tag{8-21}$$

在最理想的状态下，DCG 取得最大值，记这个值为 IDCG，即理想折扣累计增益。NDCG 的定义是 DCG 和 IDCG 的比值，即，

$$\text{NDCG@k} = \frac{\text{DCG@k}}{\text{IDCG@k}} \tag{8-22}$$

在序列化推荐中，由于用户的行为是固定的，故每一次只有一个物品是正样本。正样本与用户的相关性 rel 为 1，其他样本均为负样本，相关性 rel 为 0。由于用户在某一个时间点只有一个选择物品，即只有一个正样本，所以无论取多长的列表，IDCG 的值都为 1。故评价序列化推荐模型时，如果正样本落入了模型生成的长度为 k 的推荐系统列表中，则，

$$NDCG@k = \frac{1}{\log_2(i+1)} \qquad (8-23)$$

若未落入，则其值为 0。由 NDCG@k 的定义可知，这个值的范围在 0~1 的闭区间取值，值越大说明模型准确性越高。

HR@k 是命中率。在本实验中，如果模型输出的前 k 个结果中含有正样本，则其值为 1，否则为 0。同理，由 HR@k 的定义，其值越大说明模型准确性越高。

8.4.3　偏差调制影响分析

本章的这一部分展示了公式（8-3）中添加偏差矩阵后的模型的实验结果。添加偏差矩阵，是为了根据用户的行为模式，微调用户各个行为之间的自注意力权重的分布，从而达到优化整个模型、提高准确率的目的。本章的这一部分实验，旨在回答如下的两个问题：

（1）添加偏差矩阵是否会对含有自注意力模块的模型产生正面的效果，即是否提高模型的准确性？

（2）添加偏差的类型是否取决于用户整体的行为模式，即是否与数据集有关？

为了回答这两个问题，我们选择了三个含有自注意力模块的模型以及三个学术界和工业界常用的推荐系统数据集，它们分别是 ML-100K，ML-1M 以及 Last. fm。本章在每个模型上面分别添加四种类型的偏差，并进行实验。四种偏差类型的具体细节由前文模型部分所述。下面将详细介绍这些模型。

8.4.3.1　基准模型和设置

本章选择了三个基于自注意力机制的模型，介绍如下：

（1）SASRec[3]。SASRec 是将自注意力机制引入推荐系统的首批工作之一，主要网络架构由自注意力层和前馈神经网络层构成。

（2）TiSASRec[20]。在 SASRec 的基础上，TiSASRec 考虑了用户行为的时

间间隔，将这一信息加入了用户所涉及的物品向量中。

（3）SSE-PT[19]。个性化自注意力机制的序列化推荐（sequential recommendation via personalized transformer，SSE-PT）在物品向量中加入了用户信息，作为个性化推荐的补充。另外，该模型还引入了随机共享嵌入正则化技术，使得模型可以高效快速地处理长序列数据。

本部分的所有模型，都会先按照用户信息以及时间戳信息，按时间顺序刻画出每个用户的行为序列。我们按照 SASRec 论文中的最优超参数设置。在 ML-1M 数据集上面，最大的用户行为序列长度设为 200，其他数据集则设为 50。在将物品编码信息进行嵌入的操作中，嵌入向量在 SASRec 和 TiSASRec 模型中维度设为 60，在 SSE-PT 中则遵照原文设为 50；对于 SSE-PT 中添加的对用户编码进行嵌入的向量维度，保持和物品向量相同的设置。为了缓解过拟合问题，三个模型中都采取了神经元随机失活技术和 l_2 正则化技术。在 ML-1M 数据集上，神经元随机失活的比率设置为 0.2，其他数据集则设置为 0.5。所有模型和所有数据集上 l_2 正则化项的系数都设置为 0.0005。对模型进行训练时，每个训练批次的数据大小为 128。

8.4.3.2 添加偏差矩阵对模型准确度的影响

在下面的实验中，我们对每组实验都重复三次，最终取平均值。下文中所有偏差类型中的 None 表示不添加偏差。

表 8-2 至表 8-4 描述了 SASRec 模型上面添加各种类型的偏差的实验效果。由表 8-2 可知，在 ML-100K 数据集上面，所有的偏差类型都取得了比不添加偏差更好的效果。而在四种偏差类型中，G-bias 的效果在其中最优。从表 8-3 可知，在 ML-1M 数据集上，添加 L-bias 和 Ad-bias 取得了比原模型更优的效果，并且 L-bias 超过了其他偏差类型的效果。由表 8-4 可知，在 Last. fm 数据集上，所有类型的偏差的效果都超过了原模型，并且 L-bias 和 Ab-bias 的表现相似，分别在 NDCG@10 和 HR@10 上面取得了最好的结果。综上所述，在所有的三个数据集上，都至少有两种类型的偏差的效果超过了原模型，这说明在 SASRec 上面添加偏差可以提高模型的准确度。

表 8 – 2   ML-100K 上 SASRec 模型中添加各种偏差的实验结果

偏差类型	NDCG@ 10	HR@ 10
None	0.4392	0.7129
L-bias	0.4426	0.7179
G-bias	**0.4520**	**0.7278**
Ab-bias	<u>0.4437</u>	<u>0.7225</u>
Ad-bias	0.4395	0.7155

注：不同算法获得的最佳值用粗体表示，第二优和第三优的数值用下划线表示。

表 8 – 3   ML-1M 上 SASRec 模型中添加各种偏差的实验结果

偏差类型	NDCG@ 10	HR@ 10
None	0.6124	0.8314
L-bias	**0.6244**	<u>0.8374</u>
G-bias	0.6095	0.8339
Ab-bias	0.6098	0.8334
Ad-bias	<u>0.6196</u>	**0.8384**

注：不同算法获得的最佳值用粗体表示，第二优和第三优的数值用下划线表示。

表 8 – 4   Last. fm 上 SASRec 模型中添加各种偏差的实验结果

偏差类型	NDCG@ 10	HR@ 10
None	0.6763	0.7555
L-bias	<u>0.6843</u>	**0.7638**
G-bias	0.6838	0.7608
Ab-bias	**0.6852**	<u>0.7635</u>
Ad-bias	0.6807	0.7600

注：不同算法获得的最佳值用粗体表示，第二优和第三优的数值用下划线表示。

表 8 – 5 至表 8 – 7 是在 TiSASRec 模型上面添加各种偏差并在三个数据集上进行实验的结果。由表 8 – 5 可知，在 ML-100K 上，所有类型的偏差

效果均超过了原模型。并且，G-bias 和 Ab-bias 以及 L-bias 三种偏差在两个指标上的效果相近，且都明显优于不添加偏差的情况。由表 8-6 可知，对于 ML-1M 数据集而言，所有的含有偏差的模型在两个准确度指标上都超过了原模型，并且在所有偏差的类型中，添加 Ad-bias 的模型在两个指标上面都取得了最好的结果。表 8-7 显示了 Last. fm 数据集的实验结果。在所有的五种情况下，最终的实验结果都相差无几。尽管如此，在每个指标上仍然至少有三个偏差类型超过了原模型。在 NDCG@ 10 指标上，G-bias 取得了所有偏差类型中的最优效果，而在 HR@ 10 指标上则是 L-bias 效果最好。综上所述，在所有的数据集上都至少有一种带有偏差类型的模型效果超过了 TiSASRec 模型。

表 8-5　　ML-100K 上 TiSASRec 模型中添加各种偏差的实验结果

偏差类型	NDCG@ 10	HR@ 10
None	0.4069	0.6748
L-bias	0.4099	0.6851
G-bias	**0.4102**	**0.6860**
Ab-bias	0.4088	0.6851
Ad-bias	0.4099	0.6797

注：不同算法获得的最佳值用粗体表示，第二优和第三优的数值用下划线表示。

表 8-6　　ML-1M 上 TiSASRec 模型中添加各种偏差的实验结果

偏差类型	NDCG@ 10	HR@ 10
None	0.5576	0.7957
L-bias	0.5642	0.8002
G-bias	0.5619	0.7988
Ab-bias	0.5619	0.7981
Ad-bias	**0.5664**	**0.8011**

注：不同算法获得的最佳值用粗体表示，第二优和第三优的数值用下划线表示。

表 8 - 7　　　　　　Last. fm 上 TiSASRec 模型中添加各种偏差的实验结果

偏差类型	NDCG@ 10	HR@ 10
None	0. 7064	0. 7843
L-bias	0. 7082	**0. 7923**
G-bias	**0. 7098**	0. 7851
Ab-bias	0. 7072	<u>0. 7862</u>
Ad-bias	<u>0. 709</u>	0. 7818

注：不同算法获得的最佳值用粗体表示，第二优和第三优的数值用下划线表示。

　　表 8 - 8 ~ 表 8 - 10 显示了基于 SSE-PT 模型的各数据集添加各种类型偏差的实验结果。由表 8 - 8，在 ML-100K 数据集上，G-bias 的表现明显超过了其他类型的偏差以及不添加偏差的情况。对于 ML-1M 数据集，从表 8 - 9 可知，在 NDCG@ 10 指标上，L-bias 取得了所有类型偏差中的最好效果，而在 HR@ 10 指标上，Ad-bias 在所有偏差类型中性能最佳，并且效果优于不添加偏差的情况。由表 8 - 10，L-bias 和 Ab-bias 两种偏差类型在两个准确性指标上都超过了原模型，并且 L-bias 和 Ab-bias 分别在 NDCG@ 10 指标和 HR@ 10 指标上取得最好结果。从表 8 - 8 ~ 表 8 - 10 可以看出，在所有的数据集上，都至少存在一种类型的偏差，在两项准确性指标上都胜过了原模型。

表 8 - 8　　　　　　ML-100K 上 SSE-PT 模型中添加各种偏差的实验结果

偏差类型	NDCG@ 10	HR@ 10
None	<u>0. 3945</u>	<u>0. 6928</u>
L-bias	0. 394	0. 6870
G-bias	**0. 4008**	**0. 7002**
Ab-bias	0. 3942	0. 6872
Ad-bias	0. 3891	0. 6854

注：不同算法获得的最佳值用粗体表示，第二优和第三优的数值用下划线表示。

表 8 - 9　　　　ML-1M 上 SSE-PT 模型中添加各种偏差的实验结果

偏差类型	NDCG@ 10	HR@ 10
None	0.4736	0.7398
L-bias	**0.4770**	<u>0.7435</u>
G-bias	0.4726	0.7370
Ab-bias	0.4716	0.7379
Ad-bias	<u>0.4758</u>	**0.7439**

注：不同算法获得的最佳值用粗体表示，第二优和第三优的数值用下划线表示。

表 8 - 10　　　　Last. fm 上 SSE-PT 模型中添加各种偏差的实验结果

偏差类型	NDCG@ 10	HR@ 10
None	0.6570	0.7564
L-bias	**0.6608**	<u>0.7574</u>
G-bias	0.6568	0.7552
Ab-bias	<u>0.6605</u>	**0.7602**
Ad-bias	0.6532	0.7538

注：不同算法获得的最佳值用粗体表示，第二优和第三优的数值用下划线表示。

由表 8 - 11 ~ 表 8 - 13 可知，综合三个模型在三个数据集上所有偏差类型的实验结果，我们可以得出结论，添加合适的偏差类型会给模型的准确性带来提升，即添加偏差矩阵可以为自注意力机制的模型的准确度带来提升。

表 8 - 11　　　　ML-100K 数据集上各模型的准确度提升

模型	NDCG@ 10			HR@ 10		
	None	最优偏差	提升比率（%）	None	最优偏差	提升比率（%）
SASRec	0.4392	0.4520	2.91	0.7129	0.7278	2.09
TiSASRec	0.4069	0.4102	0.81	0.6748	0.6860	1.66
SSE-PT	0.3945	0.4008	1.60	0.6928	0.7002	1.07

表 8 - 12　　　　　ML-1M 数据集上各模型的准确度提升

模型	NDCG@10			HR@10		
	None	最优偏差	提升比率（%）	None	最优偏差	提升比率（%）
SASRec	0.6124	0.6244	1.96	0.8314	0.8384	0.84
TiSASRec	0.5576	0.5664	1.58	0.7957	0.8011	0.68
SSE-PT	0.4736	0.4770	0.72	0.7398	0.7439	0.55

表 8 - 13　　　　　Last. fm 数据集上各模型的准确度提升

模型	NDCG@10			HR@10		
	None	最优偏差	提升比率（%）	None	最优偏差	提升比率（%）
SASRec	0.6763	0.6852	1.23	0.7555	0.7638	1.10
TiSASRec	0.7064	0.7098	0.48	0.7843	0.7923	1.02
SSE-PT	0.6570	0.6608	0.58	0.7564	0.7602	0.50

8.4.3.3　偏差种类的选择分析

在这一部分，我们将对比同一数据集上不同类型偏差的实验效果，即下面的实验结果表格中的"最优"和"最差"都是在同一数据集同一模型上的四种偏差类型的横向比较。将实验结果按照数据集来进行分类，可以得到表 8 - 14 ~ 表 8 - 16 结果。

表 8 - 14　　ML-100K 数据集上面所有模型上各种偏差类型 NDCG@10 的比较

模型	L-bias	G-bias	Ab-bias	Ad-bias
SASRec		最优		最差
TiSASRec		最优	最差	
SSE-PT		最优		最差

表 8 – 15　　　　ML-1M 数据集上面所有模型上各种偏差类型 NDCG@10 的比较

模型	L-bias	G-bias	Ab-bias	Ad-bias
SASRec	最优	最差	最差	
TiSASRec		最差	最差	最优
SSE-PT	最优		最差	

表 8 – 16　　　　Last. fm 数据集上面所有模型上各种偏差类型 NDCG@10 的比较

模型	L-bias	G-bias	Ab-bias	Ad-bias
SASRec			最优	最差
TiSASRec	无明显差异			
SSE-PT	最优		最优	最差

　　表 8 – 14 ~ 表 8 – 16 显示了各数据集各模型四种偏差类型在 NDCG@10 这一指标上的比较。在表 8 – 14 中，对于 ML-100K 的数据集而言，无论是在何种模型上面添加偏差，G-bias 是四种偏差中效果最好的。表 8 – 15 显示了 ML-1M 数据集上面的情况。Ab-bias 在三个模型的表现都是最差的，G-bias 也在前两个模型上与 Ab-bias 并列。虽然四种偏差当中最优的偏差是 L-bias 和 Ad-bias，但总体而言，四种偏差类型的相对顺序在 ML-1M 上面是基本不变的。表 8 – 16 展示的 Last. fm 的实验结果在最优性的一致性上也与前面两个数据集类似，L-bias 和 Ab-bias 在这一数据集上面综合表现最优，而 Ad-bias 则效果垫底。总体而言，在 NDCG@10 这一指标上，四种偏差的相对优劣与数据集有关，且与基础模型的选择无关。

　　表 8 – 17 ~ 表 8 – 19 则展示了所有类型的偏差在所有模型所有数据集上面的 HR@10 这一指标的对比。在 ML-100K 上面，在所有的三个模型中，Ad-bias 的效果都是最差的，并且 G-bias 的准确度都是最高的。表 8 – 18 展示了 ML-1M 数据集上的情况。与它们在 NDCG@10 上面的表现类似，L-bias 和 Ad-bias 是四种模型中相对较好的两种偏差，而 G-bias 和 Ab-bias 则相对地表现较差。由表 8 – 19，在 Last. fm 数据集上面，Ad-bias 在三个模型上面都表

现最差，而 L-bias 和 Ab-bias 则分别在前两个基础模型和第三个基础模型上表
现最优。在 HR@10 这一指标上，对于每个数据集而言，无论基础模型如何
变化，各种类型的偏差的相对效果都基本保持稳定。

表 8 - 17　　ML-100K 数据集上面所有模型上各种偏差类型 HR@10 的比较

模型	L-bias	G-bias	Ab-bias	Ad-bias
SASRec		最优		最差
TiSASRec		最优		最差
SSE-PT		最优		最差

表 8 - 18　　ML-1M 数据集上面所有模型上各种偏差类型 HR@10 的比较

模型	L-bias	G-bias	Ab-bias	Ad-bias
SASRec	最优	最差	最差	
TiSASRec		最差	最差	最优
SSE-PT	最优	最差		最优

表 8 - 19　　Last. fm 数据集上面所有模型上各种偏差类型 HR@10 的比较

模型	L-bias	G-bias	Ab-bias	Ad-bias
SASRec	最优		最优	最差
TiSASRec	最优			最差
SSE-PT			最优	最差

综上所述，从表 8 - 14 ~ 表 8 - 19 中可以得到一个共同结论，即四种偏
差的相对优劣只与数据集有关，而与基础模型无关。这也验证了我们在上一
章的分析，即选择添加何种类型的偏差，与用户的行为模式有关。

由于在不同的数据集中，用户的行为模式可能不一致，所以在不同的数
据集中各种偏差的相对优劣也是不同的。而在同一个数据集中，用户的行为
模式已经确定，此时尽管基础模型不一致，但用户的行为模式可以直接确定

四种偏差在这个数据集上面的相对优劣，图 8 - 6 至图 8 - 8 的折线趋势也展示了这一点。因此，以上的实验结果验证了我们的观点，即添加偏差的效果取决于用户的行为模式，这也是在推荐系统的背景下我们在自注意力机制中添加偏差矩阵的解释，通过用户的行为模式来微调自注意力权重。

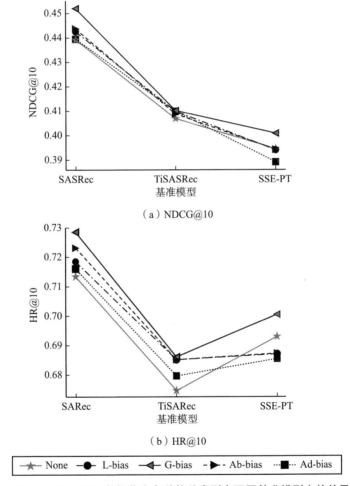

（a）NDCG@10

（b）HR@10

图 8 - 6 ML-100K 数据集上各种偏差类型在不同基准模型上的效果

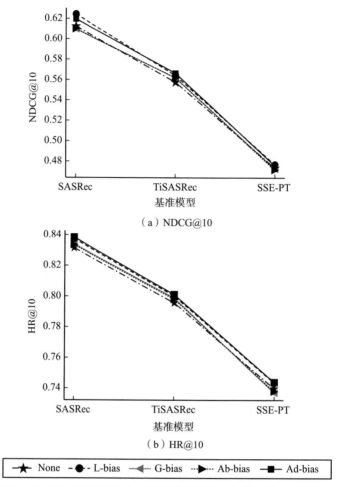

（a）NDCG@10

（b）HR@10

| ★ None | —●— L-bias | ◀ G-bias | ▶ Ab-bias | ■ Ad-bias |

图8-7 ML-1M数据集上各种偏差类型在不同基准模型上的效果

8.4.3.4 消融实验

本章这一部分将对SAS-WBFF整体模型的实验进行展示，包括模型的消融实验，以及参数分析的实验。为了使得实验结果更加符合实际效果，我们对每组实验重复三次，最终记录其平均值。在这一部分我们进行实验的数据集包括ML-100K，ML-1M以及Video。

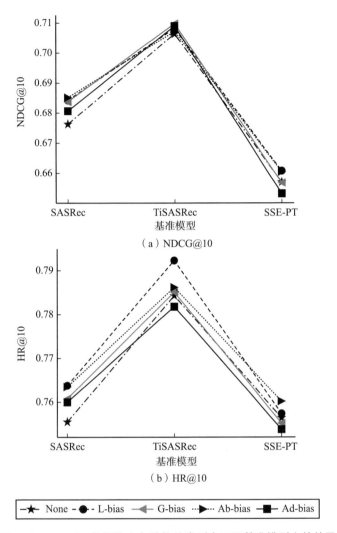

（a）NDCG@10

（b）HR@10

| None | L-bias | G-bias | Ab-bias | Ad-bias |

图 8 - 8　Last. fm 数据集上各种偏差类型在不同基准模型上的效果

　　SAS-WBFF 模型的改进主要包括在自注意力机制中添加自注意力权重偏差以及融合特征融合模块两个部分。前者可以更准确地刻画用户的行为变化，而后者则让模型学习到了更精确的数据低阶特征交叉信息。在三个数据集上的实验结果也证明了本章的两个创新点都可以提高模型的准确性。

　　表 8-20 ~ 表 8-22 分别展示了 ML-100K 数据集、ML-1M 数据集和 Video 数据集上的消融实验结果。从中可知，除了在 ML-1M 数据集上面的 NDCG@ 10 指标上，不包含特征融合模块的模型取得了该数据集上的最优值，在其他情况下都是同时包含偏差和特征融合模块的模型的准确性最高。另外，对比三个数据集上不包含特征融合的模型和包含偏差和特征融合模块的模型的效果（在 NDCG@ 10 指标上分别取得了 3.7%、-0.1% 和 0.5% 的提升），可知在 ML-100K 数据集上，融合特征融合模块的效果在三个数据集最为显著。由于 ML-100K 数据集的数据量仅有 100000 条左右，单纯的深度学习模型不能很好地从较小的数据量中拟合数据，故此时融合特征融合模块，可以更加有效地学习到数据中具有的低阶特征交叉信息，所以在 ML-100K 数据集上加入特征融合模块的模型得到了更加明显的提升效果。实验结果也进一步说明了，加入特征融合模块更容易在较小的数据集上获得较好效果。另外，对于添加偏差对模型的效果，已经在实验部分的第一部分阐述，这里不再赘述。

表 8-20　　　　　　　　　　　ML-100K 数据集上的消融实验

结果	NDCG@ 10	HR@ 10
无偏差和特征融合模块	0.4392	0.7129
不包含特征融合模块	0.452	0.7278
不包含偏差	0.4456	0.7137
包含偏差和特征融合模块	**0.4689**	**0.7336**

表 8-21　　　　　　　　　　　ML-1M 数据集上的消融实验

结果	NDCG@ 10	HR@ 10
不包含偏差和特征融合模块	0.6124	0.8315
不包含特征融合模块	**0.6244**	0.8374
不包含偏差	0.6134	0.8315
包含偏差和特征融合模块	0.6236	**0.8403**

表 8-22　　　　　　　　　　Video 数据集上的消融实验

结果	NDCG@10	HR@10
不包含偏差和特征融合模块	0.5267	0.7293
不包含特征融合模块	0.5329	0.737
不包含偏差	0.5303	0.7301
包含偏差和特征融合模块	**0.5356**	**0.7382**

8.4.3.5　参数分析

本章提出的 SAS-WBFF 模型主要包含两个重要参数：自注意力层数以及嵌入向量维数。由于本章模型的自注意力机制部分由自注意力层和前馈神经网络层交替组成且数量相同，因此本章将这两个模块中任意一种层的数量定义为自注意力层数。嵌入向量维数则是在自注意力机制中表示物品信息的向量的维数。本节依照现有的相似工作，并采用控制变量法和网格搜索法在一定范围内确定模型的最佳参数。其中，自注意力层数的取值范围是 $\{1, 2, 3, 4\}$，嵌入向量维数的取值范围为 $\{40, 60, 80, 100\}$。具体的实验结果如图 8-9 所示。

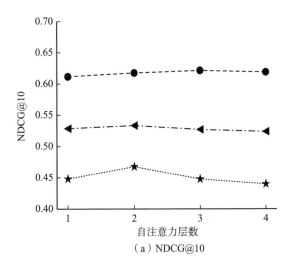

（a）NDCG@10

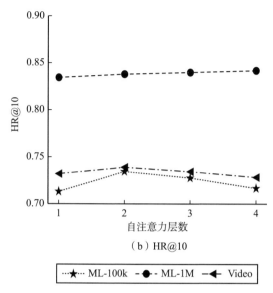

（b）HR@10

···★··· ML-100k   ─●─ ML-1M   ─◀─ Video

图8-9　SAS-WBFF 模型自注意力层数的准确度变化曲线

图8-9表示了 SAS-WBFF 模型两个准确度指标关于自注意力层数的变化曲线。从整体上可以看出，模型在 ML-1M 数据集上对于自注意力层数这一参数并不敏感，并且 NDCG@10 和 HR@10 分别在自注意力层数取 3 和 4 时得到最大值。而对于另外两个较小的数据集而言，自注意力层数取 2 时，模型在两个准确度指标上都取得了最优值。这可能说明较大的数据集需要层数更多的深度学习模型，即更复杂的深度网络，来提高模型的准确度；而对于较小的数据集而言，过于深的神经网络反而可能导致过拟合现象的发生，从而破坏模型的泛化能力。

图8-10刻画了 SAS-WBFF 模型嵌入向量维数的准确度变化曲线。从曲线的变化情况可知，两个准确度指标的大小关于嵌入向量的变化都不明显，这也进一步说明 SAS-WBFF 模型拥有较好的鲁棒性。另外，在 ML-1M 数据集上，当嵌入向量的维数是 100 时，模型在两个准确度指标上都得到了最优值。尽管如此，嵌入向量维数的增大导致模型时间变长的同时，对准确度的提升并不明显。对于 ML-100K 数据集而言，在 NDCG@10 指标上，嵌入向量维数取 60 时结果最好，而在 HR@10 指标上则是取 100 时最

好。但是，面对与 ML-1M 数据集上遇到的相同的运行时间的问题，ML-100K 上推荐的最佳嵌入向量维数仍是 60。在 Video 数据集上，嵌入向量维数取 60 时，最终的实验效果最好。综上，在三个数据集上，本章推荐的嵌入向量维数都是 60。

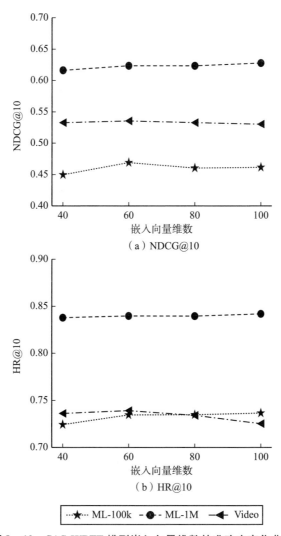

图 8-10　SAS-WBFF 模型嵌入向量维数的准确度变化曲线

8.5 本章小结

本章对基于权重偏差调制和特征融合的自注意力序列化推荐模型在主流的推荐系统数据集上进行了实验。首先，本章介绍了实验部分采用的数据集以及推荐系统常用的评价指标。其次，本章对于模型的偏差部分进行了实验，提出了自注意力偏差在推荐系统背景下的具体意义以及偏差给模型带来的准确度提升相关的两个问题，并围绕这两个问题展开了实验。实验结果说明了偏差在推荐系统中表示的是用户行为模式，并且偏差机制可以提高基准模型的准确性。最后，本章对本章提出的整体模型的两个创新点进行了消融实验，证明了它们都可以提高模型的泛化能力和准确性；进一步进行的参数分析实验得到了模型最优的超参数的取值，并体现了模型的鲁棒性。

与现有的模型相比，本章节主要贡献在于：考虑了用户的行为模式对自注意力机制中自注意力权重的影响，引入了自注意力权重偏差机制，以此来进一步修正用户各行为之间的自注意力权重。这种偏差机制不仅可以用在本章的模型中，也可以运用在其他自注意力机制的推荐系统模型中，本章的实验部分证明了这一点。另外，为了更好地拟合不同用户的不同行为模式，本章设计了四种不同的偏差类型，以适应不同数据集的要求。实验结果证明了偏差机制的有效性，并且同时验证了本章对偏差类型的选择与其他实体（数据集，不同模型）之间关系的猜想。

本章参考文献

[1] 黄立威，江碧涛，吕守业，等. 基于深度学习的推荐系统研究综述 [J]. 计算机学报，2018，41（7）：1619 – 1647.

[2] Rendle S. Factorization machines [C]. 2010 IEEE International Conference on Data Mining. IEEE, 2010：995 – 1000.

［3］ Kang W C, McAuley J. Self-attentive sequential recommendation ［C］. 2018 IEEE International Conference on Data Mining（ICDM）. IEEE, 2018：197 – 206.

［4］ Glorot X, Bordes A, Bengio Y. Deep sparse rectifier neural networks ［C］. Proceedings of the Fourteenth International Conference on Artificial Intelligence and Statistics. JMLR Workshop and Conference Proceedings, 2011：315 – 323.

［5］ Rendle S, Krichene W, Zhang L, et al. Neural collaborative filtering vs. matrix factorization revisited ［C］. Fourteenth ACM Conference on Recommender Systems, 2020：240 – 248.

［6］ He R, Kang W C, McAuley J. Translation-based recommendation ［C］. Proceedings of the Eleventh ACM Conference on Recommender Systems, 2017：161 – 169.

［7］ He R, Fang C, Wang Z, et al. Vista：A visually, socially, and temporally-aware model for artistic recommendation ［C］. Proceedings of the 10th ACM Conference on Recommender Systems, 2016：309 – 316.

［8］ He R, McAuley J. Fusing similarity models with Markov chains for sparse sequential recommendation ［C］. 2016 IEEE 16th International Conference on Data Mining（ICDM）. IEEE, 2016：191 – 200.

［9］ Yang B, Tu Z, Wong D F, et al. Modeling localness for self-attention networks ［J］. arXiv Preprint arXiv：1810. 10182, 2018.

［10］ Niu Z, Zhong G, Yu H. A review on the attention mechanism of deep learning ［J］. Neurocomputing, 2021, 452：48 – 62.

［11］ Lin T, Wang Y, Liu X, et al. A survey of transformers ［J］. arXiv Preprint arXiv：2106. 04554, 2021.

［12］ Fan Z, Gong Y, Liu D, et al. Mask attention networks：Rethinking and strengthen transformer ［J］. arXiv Preprint arXiv：2103. 13597, 2021.

［13］ Kingma D P, Ba J. Adam：A method for stochastic optimization ［J］. arXiv Preprint arXiv：1412. 6980, 2014.

［14］ Duchi J, Hazan E, Singer Y. Adaptive subgradient methods for online learning and stochastic optimization [J]. Journal of Machine Learning Research, 2011, 12 (7): 257 –269.

[15] Sutskever I, Martens J, Dahl G, et al. On the importance of initialization and momentum in deep learning [C]. International Conference on Machine Learning. PMLR, 2013: 1139 –1147.

[16] Harper F M, Konstan J A. The movielens datasets: History and context [J]. Acm Transactions on Interactive Intelligent Systems (tiis), 2015, 5 (4): 1 –19.

[17] Henning V, Reichelt J. Mendeley-a last. fm for research? [C]. 2008 IEEE Fourth International Conference on Escience. IEEE, 2008: 327 –328.

[18] McAuley J, Targett C, Shi Q, et al. Image-based recommendations on styles and substitutes [C]. Proceedings of the 38th International ACM SIGIR Conference on Research and Development in Information Retrieval, 2015: 43 –52.

[19] Wu L, Li S, Hsieh C J, et al. SSE-PT: Sequential recommendation via personalized transformer [C]. Fourteenth ACM Conference on Recommender Systems, 2020: 328 –337.

[20] Li J, Wang Y, McAuley J. Time interval aware self-attention for sequential recommendation [C]. Proceedings of the 13th International Conference on Web Search and Data Mining, 2020: 322 –330.

第 9 章

推荐系统性能指标综合设计

9.1 引　言

虽然"准确性"是广为人知的评价标准，但推荐系统最终的性能优劣是模拟的人的感受而不仅是机器[1]，性能"准"不能完全代表性能"优"。因为人的感受具备非线性、多尺度、多样性等特点[2]，从这一角度，本章提出了与"准确性"相耦合的另外一个"整体性"（非准确性）的概念。而目前所有的评价和算法策略中，大部分是追求准确性的提升，而忽略了整体性对推荐系统的性能的影响。因为最优的排序策略是寻找某一个限定条件下的稳定平衡关系，而不是追求单一的评价标准[3]。为了满足提高用户对推荐系统的用户体验，我们迫切需要建立一个平衡判断机制来验证推荐系统整体性能。

9.2 推荐指标的探索研究

对于书前所涉及的推荐系统模型，评估优劣的主流指标是基于准确性度量。然而随着推荐系统性能的提高，如果单方面追求推荐的准确性，用户可能会得到比较单一的"准确推荐"，有可能会降低了用户满意度[4]。因为推荐系统的最终是由人来评价，所以推荐系统指标应该反映人的感受。即准确性并不能作为推荐系统性能评估唯一度量[5][6]。因此，仅通过准度指标衡量算法性能在推荐算法的性能评估中引起了一些热议。

例如，文献［7］和文献［8］对这些指标进行了详细研究，发现在抽样数据集上，大部分指标得到的算法排名都与整体数据集上的排名结果不一致。此外，研究人员发现准确性并不是评估用户满意度的唯一标准。如果模型单方面追求推荐结果的准确性，用户可能会得到一些他们已经知道的"准确的推荐"。而这些准确的推荐可能会产生相对单一的结果，这可能提高了推荐系统的准确性，但并没有提高用户满意度体验[9]。因此，近年来，推荐系统的一些"非准确性"指标受到了更多的关注。文献［10］介绍并总结了推荐系统与用户满意度相关的六个维度，即实用性、新颖性、多样性、意外性、偶然性和覆盖率。一些研究者试图将准确性和非准确性结合起来[11]，设计出能更准确评价用户满意度的度量。

然而目前关于"非准确性"的评价指标的设计工作并不全面。文献［12］提出了一种个性化的多样化重排算法，在保持可接受的推荐精度的同时，增加非热门项目在推荐中的表现。而文献［13］提出了一种公平感知重新排名算法（FAR）以平衡排名质量和提供者端的公平性。文献［14］提出了一种用于推荐系统的个性化重排模型，它通过采用转化器结构来有效编码列表中所有项目的信息，直接优化整个推荐列表。上述工作缺乏关于衡量重排的结果是否能够提高用户满意度的指标，因此我们需要更多考虑这些工作涉及的指标，如多样性和新颖性，以反映用户满意度。

本章将准确性、新颖性和多样性结合起来，以更全面、更合理地反映用户满意度。对于新颖性，文献［15］将新颖性定义为与用户消费过的物品相比，推荐的物品有多大的不同。此外，新颖性也被定义为预测列表中未知项目的比例[16]。同时，文献［17］进一步挖掘准确性、多样性与新颖性之间的内在联系。但是，并没有很好地结合新颖性、多样性与准确性。

其中多样性可以分为个体多样性和总体多样性[18]，个体多样性是指推荐给用户的项目之间的差异性，而总体多样性需要考虑所有用户的建议。文献［19］描述了个体多样性的概念，该研究引入列表内相似度指标来评估推荐列表的主题多样性，以及降低列表内相似度的主题多样化方法。文献［11］通过列表引入的表内相似度度量来衡量多样性，使用余弦相似度来判断项目之间的相似性。同时，文献［16］认为，总体多样性研究的动机是为了提高检索与用户相关的不寻常或新颖项目的概率，并引入了一种方法来评估其在新颖项目检索方面的表现。然而，很少有工作对项目多样性比例的平衡进行判断。

关于多样性和新颖性的研究，尽管许多研究工作给出了不同的定义。但他们并没有很好地结合多样性和新颖性协同考虑。与本章最密切相关的研究是 EPC 指标，它很好地结合了准确性和新颖性[15]，但它只考虑了推荐系统中的新颖性指标，没有考虑其他指标。这也正是本章要继续探讨的地方。

9.3 评估框架的设计

9.3.1 问题定义

推荐系统算法评估的目的是验证用户对推荐列表的结果是否满意。满意度包括对"准确性"和"非准确性"的考虑。一些工作将单个项目的准确性与非准确性（如新颖性）结合起来作为推荐系统的评价指标，如 EPC[15]，这个指标考虑了用户和项目的属性。然而，EPC 缺乏对推荐列表的其他属性对用户满意度的影响的考虑，如列表的多样性。多样性是表征用户对推荐列表满意度的重要指标之一。因此，我们考虑了推荐列表的三个重要指标度量，即准确性、新颖性和多样性，命名为 AND 框架。

然而，由于新颖性是对推荐列表中每个项目的个别属性的描述，而多样性是对推荐列表中整体属性的描述，所以很难用以前的方式将多样性和新颖性直接耦合起来。根据文献［20］的结论，当推荐列表的新颖性和多样性降低时，用户对推荐结果的满意度就会降低。

为了解决上述问题，我们重新定义了新颖性和多样性的计算模型，我们称为有效新颖性（enov）和有效多样性（ediv）。

整体 AND 框架的计算模型公式如下所示：

$$\text{AND} = \frac{1}{C_1}enov \times \frac{1}{C_2}ediv \qquad (9-1)$$

其中，C_1 与 C_2 都是归一化参数，它们的定义如下：

$$C_1 = \sum_{i \in R(u)} ordfun(i), \quad C_2 = \#K(u) \qquad (9-2)$$

其中，C_1 是推荐列表的最大值，R_u 代表推荐列表中所有项目的集合，参数值 $Ordfun(i)$ 是权重系数，用于计算单个项目的有效新颖性和加权平均值的权重系数。C_2 是推荐列表的有效多样性的最大值。$K(u)$ 是推荐列表中所有项目的类别集合，$\#K(u)$ 是所有项目的类别数。接下来分别阐述有效新颖性和有效多样性的定义方式。

9.3.2 定义有效新颖性

在推荐系统中提高新颖性的核心是给未知项目提供更高的分数排名，原始的新颖性[15]定义如下：

$$nov(i) = 1 - \frac{ratingnum(i)}{totalpersonnum} \qquad (9-3)$$

其中，$ratingnum(i)$ 是现有数据集中项目 i 的所有评分记录之和，而 totalpersonnum 是所有用户的数量，上式中项目的新颖性是指所有用户中还没有对该项目进行评分（或评论）的比例。例如，在电影推荐网站上，对于那些熟悉的电影，评分和评论的数量是非常大的。显然，向用户推荐这种电影并不能带来很高的新颖性，所以 $nov(i)$ 可以很好地反映这一点。

但与之前的新颖性计算模型不同的是，我们认为不能只追求新颖性而忽略了用户的喜欢程度（在此定义为 $libi$）。验证用户对单个项目的 $libi$ 的方法是通过评分反映。我们将现有的项目评分归一化处理，一个项目的最高的 $libi$ 是 1，最低是 0。在此基础上，$libi$ 的表达方式定义如下：

$$libi(i,\ u) = \frac{rating(i,\ u)}{\max score} \qquad (9-4)$$

其中，$rating(i,\ u)$ 是用户对 u 项目 i 的评分，而 maxscore 是评分系统中的最大值，例如，在 MovieLens-100k（ML-100k）数据集中的 maxscore 就是 5。

因此，$enov$ 表示为用户的喜爱程度 $libi$ 与新颖性 $nov(i)$ 的乘积。同时，我们认为它是一个由推荐列表中每个项目的有效新颖性加权的索引，它与列表中每个项目的属性密切相关。因此，我们首先定义单个物品的有效新颖性 $enov_s$，然后计算每个项目的累积结果。那么对于每一个用户 u 与项目 i，$enov_s$ 的定义如下：

$$enov_s = nov(i)libi(i,\ u) \qquad (9-5)$$

考虑到在列表中项目的先后顺序也会影响用户的满意度，而且用户更关注在前排的项目，不同位置的项目对用户的影响是不同的．整个推荐列表的 $enov$ 应该是 $enov_s$ 的加权平均值，权重与项目的顺序呈正相关．我们设定权重为 $ordfun(i)$，它与项目的顺序有关，也是项目 i 的单调递减函数，定义如下：

$$ordfun(i) = \frac{1}{\log_2(i+1)} \qquad (9-6)$$

因此，$enov$ 的表达式如下：

$$enov = \sum_{i \in R(u)} ordfun(i)enov_s \qquad (9-7)$$

综上所述，我们已经完成了对推荐列表的有效新颖性定义。

9.3.3 定义有效多样性

在我们的设计的框架中，推荐列表的多样性是关于推荐列表的整体特征，即它与推荐列表中的项目类别的数量有关，但与列表中的每个项目无关。然而，目前计算多样性的一般方法是使用列表中项目 R_u 中的相似度 $dis(i,\ j)$ 来获得推荐多样性。原始的多样性定义如下：

$$intro\_div = \frac{\sum\limits_{i \in R(u)}\sum\limits_{j \in R(u), j \neq i} dis(i, j)}{N(N-1)} , \quad N = \#R\ (u) \qquad (9-8)$$

然而，这种原始方法不够合理的。如果一个推荐列表所推荐的所有项目都来自同一类别，那么这些类似项目之间的距离几乎可以被视为 0。以图 9-1 为例，如果所有的项目都来自两个类别，根据公式（9-8）所示，A 列表的多样性接近于 0，而 B 列表的多样性大于 0。很明显，B 列表的多样性几乎是 A 列表的无限倍。但实际上，就类别而言，B 只提供了 A 的两倍的类别，用户的多样性也应该是两倍，也就是说，多样性与类别有关，而不是数量。因此，为了避免类似的情况，我们没有使用传统的推荐列表多样性的定义，而是提出了有效多样性 ediv 的表达，其公式如下：

$$ediv = \sum_{k \in K(u)} \frac{maxscore_k}{maxscore} \qquad (9-9)$$

用列表中项目 $maxscore_k$ 中的相似度是 k 类别中所有项目中得分最高的项目得分。例如，在一个数据集中，一个项目的最高分是 10 分，而推荐系统推荐给用户 A 的结果列表是 (0, 8)，(0, 8)，(0, 7)，(0, 9)，推荐给用户 B 列表是 (0, 8)，(0, 8)，(1, 8)，(1, 9)。其中括号中的第一个数字表示项目类型，第二个数字表示用户给出的分数值。那么，推荐名单中的 A、B 的有效多样性分别是 9/10 = 0.9 与 8/10 + 9/10 = 1.7，B 的多样性大约是 A 的两倍。显然，与 A 的多样性计算方式，公式（9-9）相比公式（9-8）更加合理。

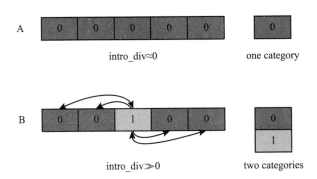

图 9-1　由原始多样性 intro_div 计算的两个推荐列表

注：0 和 1 代表项目的类别数量。

9.3.4 定义 AND

至此，我们已经完成了对有效新颖性和有效多样性的定义。AND 框架的最终表达式如下：

$$AND = \frac{1}{C_1} \sum_{i \in R(u)} ordfun(i)\,nov(i)\,libi(i,\,u) \times \frac{1}{C_2} \sum_{k \in K(u)} \frac{maxscore_k}{maxscore}$$

$$(9-10)$$

9.4 AND 实验结果及分析

接下来，我们在 AND 框架上分别通过假设数据集与基准数据集的实验，区分出不同推荐指标在主流算法上的性能区别。

9.4.1 假设数据集上的有效类别检验

在本节中，我们将评估 AND 框架在一个假设的数据集上的性能，并将其与四个具有代表性的指标进行比较，包括 NDCG、EPC、CC 和 H（EPC、CC）。

其中，NDCG 是推荐系统中最流行的指标之一，它不仅考虑项目评级值，还考虑项目的顺序。因此，NDCG 在 Top-N 问题中被广泛应用。EPC 是一个新颖性度量指标，它可以很好地将准确性和新颖性结合起来，但没有考虑到推荐系统中的其他度量指标。CC 表示覆盖类别（cover category），即推荐列表中的类别数量与数据集中的类别数量的比值，是一个用于评估多样性的度量指标。H（EPC、CC）是 EPC 和 CC 的谐波平均值，代表了准确性、新颖性和多样性的简单融合，如图 9 - 2 所示。

假设的数据集如表 9 - 1 所示。在这个表中，假设我们有两个模型向相同的用户推荐项目。所有用户数（用户总数）为 1000 人，参与该评级的用户总数（评级数）为 50 人。有两类项目，分别编号为 a 和 b，每个项目的最高得分为 5 分，最低为 0。推荐给用户的两个推荐列表分别是 R1 和 R2。

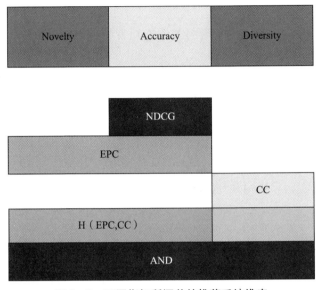

图 9 - 2　不同指标所涵盖的推荐系统维度

注：H（EPC，CC）这一行的不同灰度意味着多样性在这个度量中没有很好地耦合。

表 9 - 1　　　　　　　　　　特别设计的两个推荐清单

推荐列表	项目	分数	评分人数（人）	类别
R1	0	5	50	a
	1	5	50	a
	2	5	50	a
	3	0	50	b
	4	0	50	b
R2	0	5	50	a
	1	5	50	a
	2	5	50	b
	3	0	50	a
	4	0	50	b

从表 9-1 中，我们可以发现 R1 和 R2 推荐的项目都是相同的但是类别不同。其目的是验证提到这些指标是否能够反映此细节中的差异。例如，推荐的前 3 个项目得分为 5，最后两个项目都得分为 0。其中 5 个推荐项目的评分都为 50 个，这意味着 R1 和 R2 中所有项目的新颖性都是相同的。另外，这两个推荐列表向用户推荐了两种项目，即 a 类和 b 类，所以多样性的最大值都是相同的。

在 R1 中，属于 b 类的项目只能从用户那里获得 0 分。换言之，虽然 R1 向用户推荐了 b 的项目，但这个类别的项目不能给用户带来任何有效的信息。在 R2 中，至少有一个项目让用户对类别 a 和类别 b 非常满意，这意味着 R2 确实为用户提供了更有效的信息。基于原始多样性的定义［公式（9-8）］，R1 和 R2 的多样性是一致的。然而，根据有效多样性［公式（9-9）］，在我们的 AND 框架下是不同的。

在表 9-2 中，我们比较了假设的推荐列表（R1 和 R2）中 5 个指标的评估结果。从表中可得，两个推荐列表的 NDCG 是相同的，因为评分列的评分值是相同的。同时，R1 和 R2 有相同的顺序，相同的分数和相同的评分人数，所以 EPC 是相同的。由于这两个列表都为用户提供了两种类型的项目，所以它们的 CC 都是 1。因此，两个列表的 CC、EPC 和 H（EPC，CC）仍然相同。

表 9-2　　　　在两个推荐列表 R1 和 R2 的差异指标中的评估性能

指标	推荐列表	
	R1	R2
NDCG	0.8614	0.8614
EPC	0.6866	0.6866
CC	1	1
H（EPC，CC）	0.8142	0.8142
AND	0.3433	0.6866

如表 9-2 所示，仅本章提出的 AND 框架（最后一行），能够体现两个假设数据集推荐结果之间的区别。与此同时，EPC 只反映了对准确性和新颖性

指标的考虑，CC 只反映了对多样性指标的考虑。从结果来看，这两个指标并没有反映出这两个推荐列表中假设数据的差异。值得注意的是，综合 EPC 与 CC 指标的 H（EPC，CC）也不能合理地反映这三个指标（多样性、准确性和新颖性）的平均结果。主要原因是 H（EPC，CC）在处理多样性问题时忽略了用户不喜欢的行为（即在 R1 中得分为 0 的 b 类项目）。

9.4.2　基准数据集上的评分预测实验

在本节中，我们通过使用包括 AND 框架在内的 5 个度量标准来评估 ML-100k 数据集上最主流的算法。值得注意的是，在表 9 – 3 中，我们让 AND*ne* 表示当 *libi* 指标为 1 时的 AND 对应的数值。也就是说，AND*ne* 度量是 AND 的一个特例，它忽略了对评价准确性的要求，目的是测试仅保留多样性和新颖性的推荐系统的性能评价。本实验使用了 13 种主流算法来评价性能评价指标：

（1）NormalPredictor：仅基于训练集训练一个高斯分布，并根据高斯分布的概率对测试集随机分配值。

（2）SVD：一种经典的矩阵分解算法。

（3）SVD ++：SVD 算法的升级版本，考虑了其基础上的隐藏评分值。

（4）KNNBasic：一种基础的协同过滤算法。

（5）KNNWithMeans：基于算法（4），考虑每个用户对该项目的评级的平均值。

（6）KNNWithZScore：基于算法（4），考虑了每个用户的 Z-score 标准化。

（7）KNNBaseline：基于算法（4），考虑基准评分值。

（8）NMF：一种基于非负矩阵分解的协同过滤算法。

（9）SlopeOne：一种简单而准确的协同过滤算法。

（10）CoClustering：一种基于协同聚类的协同过滤算法。

（11）Randomchoice：忽略评分，并从测试集中的电影中随机选择一部分项目来推荐给用户。

（12）CNN：卷积神经网络。

（13）FM：一种可以建模一阶和二阶特征交互的因子分解机算法，适用于处理稀疏数据。

表 9 – 3　　　　　　13 种算法在 ML-100k 上的五项指标的实验结果

算法	指标				
	NDCG	EPC	AND	CC	ANDne
NormalPredictor	0. 8306	0. 5760	0. 6060	1. 3710	1. 0874
SVD	**0. 9327**	**0. 6662**	**0. 8084**	1. 3719	0. 9944
SVD + +	0. 9174	0. 6423	0. 7588	1. 3623	0. 9804
KNNBasic	<u>0. 9319</u>	0. 6522	0. 8000	<u>1. 3909</u>	0. 9804
KNNWithMeans	<u>0. 9319</u>	<u>0. 6529</u>	<u>0. 8030</u>	1. 3867	0. 9948
KNNWithZScore	0. 9306	<u>0. 6529</u>	<u>0. 8017</u>	**1. 3945**	0. 9967
KNNBaseline	0. 9309	<u>0. 6556</u>	0. 796	1. 3785	0. 9887
NMF	0. 9097	0. 6482	0. 7625	1. 3762	1. 0131
SlopeOne	0. 8968	0. 6138	0. 7174	1. 3893	0. 9921
CoClustering	0. 8909	0. 6099	0. 6987	1. 3707	0. 9872
Randomchoice	0. 8309	0. 5737	0. 6082	<u>1. 3895</u>	**1. 0998**
CNN	0. 8526	0. 6091	0. 6641	1. 3592	<u>1. 0843</u>
FM	0. 8378	0. 5864	0. 5477	1. 2341	1. 0738

注：不同算法获得的最佳值用粗体表示，第二优和第三优的数值用下划线表示。

对于本节中进行的所有实验，我们使用 80% 的数据集作为训练数据。这意味着我们从与给定任务对应的数据集中随机选择 80% 的评分作为预测剩余 20% 的评分的训练数据。请注意，在这个实验中，我们使用了一个具有 10 个 4.1GHz 的 CPU 和 128GB 内存的工作站。实验结果如表 3 与表 4 所示。

特别值得注意的是，本实验并不是比较算法的孰好孰坏，而是能够全面地选出性能均衡且优秀的算法。从中可以看出，AND 框架的优势在于推荐性能比较全面。不仅可以找到最佳准确性（NDCG）对应的算法（SVD，见表 9 – 3）和（NMF，见表 9 – 4），而且在次优的推荐结果上，也能够保持和多样性（CC）和新颖性（EPC）的推荐结果吻合，而其他指标只能突出单方面的优势。

表 9 - 4 　　　　　　　13 种算法在 ML-1M 上的五项指标的实验结果

算法	指标				
	NDCG	EPC	AND	CC	AND*ne*
NormalPredictor	0.8432	<u>0.5640</u>	0.7161	0.9246	<u>0.7524</u>
SVD	0.8428	0.5622	0.7162	0.9238	0.7505
SVD++	<u>0.8433</u>	0.5622	<u>0.7175</u>	0.9237	0.7510
KNNBasic	0.8431	0.5610	0.7168	0.9231	0.7495
KNNWithMeans	0.8415	0.5608	0.7145	0.9238	0.7499
KNNWithZScore	0.8429	0.5633	0.7164	<u>0.9256</u>	0.7517
KNNBaseline	0.8429	<u>0.5644</u>	<u>0.7178</u>	<u>0.9267</u>	<u>0.7535</u>
NMF	**0.8438**	**0.5737**	**0.7188**	0.9243	0.7513
SlopeOne	<u>0.8436</u>	0.5625	0.7176	0.9231	0.7507
CoClustering	0.8425	0.5610	0.7161	0.9233	0.7494
Randomchoice	0.8309	0.5608	0.6082	**1.3895**	**1.0998**
CNN	0.8429	0.5611	0.7165	0.9246	0.7516
FM	0.8426	0.5614	0.7148	0.9148	0.7489

注：不同算法获得的最佳值用粗体表示，第二优和第三优的数值用下划线表示。

具体来说，CC 指标只描述了推荐列表的多样性，其中 KNNWithZScore 得分最高。我们需要注意的是，随机选择 Randomchoice 在 CC 上也取得了比较高分。可以看出，虽然 Randomchoice 的推荐列表具有多样性，但其有效的多样性并不高（从 NDCG 的排名结果来看），所以它的 AND 得分很低。

同时，表 9 - 4 中 Randomchoice 在 AND*ne* 中获得了第一名，这表明如果我们只关注列表的新颖性和多样性（忽略准确性），那么随机选择是所给出的算法中最好的。这反映出我们的 AND 框架比这些指标更敏感。然而，单独的新颖性和多样性是没有价值的，就像没有人喜欢被随机推荐一样，同时

Randomchoice 的 AND 表现也很差。两次低分判断说明 AND 的评价是基于全面的考虑。

因此，只有在综合考虑这些指标的情况下，评价框架才有价值。与其他指标相比，我们提出的 AND 框架能够更客观地评价算法是否为用户提供了更满意的推荐结果，并且能够有效地反映出不同算法之间准确性相似的推荐性能差异。

9.5　本章小结

在本章中我们提出了一种名为 AND 的新型推荐系统性能评估框架，它考虑了三个重要的推荐系统的指标包括准确性、新颖性和多样性。与其他相关工作相比，我们进一步改进了原有指标的计算方法，设计了有效多样性和新颖性框架。

同时，我们也优化协调多指标之间耦合评估。在假设和基准数据集的实验上证明我们的框架可以区分不同算法在同一数据集上的推荐性能。

最后，与其他指标相比，提出的 AND 框架在对推荐结果的多样性和新颖性更加敏感，有效反映看似相似的不同算法之间推荐性能差异，从而为用户提供更精准的推荐结果。

本章参考文献

［1］He X, He Z, Song J, et al. Nais: Neural attentive item similarity model for recommendation ［J］. IEEE Transactions on Knowledge and Data Engineering, 2018, 30（12）: 2354 – 2366.

［2］Kunaver M, Požrl T, Diversity in recommender systems—A survey ［J］. Knowledge-Based Systems, 2017, 123: 154 – 162.

［3］Liu X Y, Wang G J, Bhuiyan M Z A. Re-ranking with multiple objective optimization in recommender system ［J］. Transactions on Emerging Telecommunications Technologies, 2022, 33 (1)：e4398.

［4］赵俊逸, 庄福振, 敖翔, 等. 协同过滤推荐系统综述 ［J］. 信息安全学报, 2021, 6 (5)：18.

［5］Lu Y, Dong R, Smyth B. Why I like it：Multi-task learning for recommendation and explanation. In Proceedings of the 12th ACM Conference on Recommender Systems, 2018：4 – 12.

［6］孙琛恺, 安俊秀. 用于评价推荐系统的多样性指数的研究 ［J］. 成都信息工程大学学报, 2021, 36 (3)：6.

［7］VARGAS S, CASTELLS P. Rank and relevance in novelty and diversity metrics for recommender systems ［C］. 5th ACM Conference on Recommender Systems. Chicago, USA：ACM, 2011：109 – 116.

［8］Rendle S, Krichene W, Zhang L, et al. Neural collaborative filtering vs. matrix factorization revisited ［C］. Fourteenth ACM Conference on Recommender Systems, 2020：240 – 248.

［9］Zhang W, Du Y, Yang Y, et al. DeRec：A data-driven approach to accurate recommendation with deep learning and weighted loss function ［J］. Electronic Commerce Research and Applications, 2018, 31：12 – 23.

［10］Silveira T, Zhang M, Lin X, et al. How good your recommender system is? A survey on evaluations in recommendation ［J］. International Journal of Machine Learning and Cybernetics, 2019, 10 (5)：813 – 831.

［11］Zhang Y C, Séaghdha D Ó, Quercia D, et al. Improves user satisfaction. Auralist：Introducing Serendipity into Music Recommendation ［C］. WSDM 2012—Proceedings of the 5th ACM International Conference on Web Search and Data Mining, 2011：13 – 22.

［12］Abdollahpouri H, Burke R, Mobasher B. Managing Popularity Bias in Recommender Systems with Personalized Re-ranking ［P］. 2019.

［13］Liu W, Burke R. Personalizing Fairness-aware Re-ranking ［P］. 2018.

［14］Pei C, Ou W, Pei D, et al. Personalized re-ranking for recommendation [C]. The 13th ACM Conference. ACM, 2019: 3 – 11.

[15] Vargas S, Castells P. Rank and relevance in novelty and diversity metrics for recommender systems [C]. 5th ACM Conference on Recommender Systems. Chicago, USA: ACM, 2011: 109 – 116.

[16] Hurley N, Zhang M. Novelty and Diversity in Top-N Recommendation—Analysis and Evaluation [J]. ACM Transactions on Internet Technology, 2011, 10 (4): 14.

[17] 冯晨娇, 宋鹏, 王智强等. 一种基于 3 因素概率图模型的长尾推荐方法 [J]. 计算机研究与发展, 2021, 58 (9): 1975 – 1986.

[18] Adomavicius, G. Improving aggregate recommendation diversity using ranking-based techniques [J]. IEEE Transactions on Knowledge and Data Engineering, 2012, 24 (5): 896 – 911.

[19] Ziegler C N, McNee S M, Konstan J A, et al. Improving recommendation lists through topic diversification [C]. Proceedings of the 14th international conference on World Wide Web, 2005: 22 – 32.

[20] Ricci F, Rokach L, Shapira B. Introduction to Recommender Systems Handbook [J]. ACM Transactions on Information Systems, 2011: 1 – 35.

第10章

推荐准确性与均衡性的平衡

10.1 引　言

推荐系统算法评估的困难在于对算法的所有方面做出全面和公平的衡量并不容易。推荐系统研究的是用户、物品和模型之间的关系，其覆盖面广、主观性强、关系复杂，导致一些评价指标之间的存在互斥的情况（例如，召回率和准确率）；此外，如果评价的对象不同，推荐的结果也可能不同（例如，用户和平台）；即使评价的对象相同，但如果时间间隔不一样，那么评价推荐结果产生也有区别（例如，长期和短期效益）。

因此，当推荐系统性能发展到一定阶段，准确性不再是唯一性能判断标准[1]。那么推荐系统算法评估目前面临的挑战是：用户主观满意度包含了哪些方面[2]（横向考虑）？如果从整体性考虑系统的性能，如何对准度和其他性能的均衡点进行构建[3]（纵向考虑）？

构建的难点在于：首先，需要"整体"考虑合理的非准度的指标。因为有一些工作是对推荐系统的多样性、新奇性等非准度指标做加权平均。但这些指标之间并不是孤立的，需要计算交叉的有效性；其次，如何"有效"地考虑指标"融合"一直是推荐系统方向的热点问题[4]。因为"有效"的挑战在于推荐系统的指标有一些是具有冲突性的，我们是无法做到一个综合指标能够协同反应所有性能。此外，如指标中的新奇性是微观描述、多样性是宏观描述，很难直接耦合，如果整体化，需要设计"融合"的计算方法[5]。

针对以上难点，我们需要一个尽可能综合考虑"准度性"与"整体性"的推荐系统衡量框架。该框架能够动态地融入损失函数，并且客观地量化反映出不同场景下推荐系统性能区别，都将是本章将要解决的问题。

综上所述，为了反映推荐系统性能的差异，设计更为合理的性能评估框架，我们对推荐结果的准确性（accuracy）与整体性（integrality）两类评估指标进行有效耦合（简称为 A-I 均衡）。具体来说，推荐系统整体性能评价的研究内容：核心在于解构 A-I 评估的"结构"和"参数"，从而有助于进一步对 A-I 最佳均衡点的预估。

10.2　推荐指标的 A-I 均衡研究

推荐系统的性能"优"并不能直接和性能"准"画上等号。这里的"优"旨在不同的数据冲突下，不同的具体任务场景下，构造均衡的推荐系统性能评价。而均衡的核心，在确保准确率的情况尽最大可能增加非准确类的度量考虑，从而提高整体性能。为了解决推荐系统整体性能评价所面临的上述关键问题，因此本章拟解决研究核心问题是设计更为"均衡"的推荐系统整体性能评价体系。该问题将依据推荐系统的完整流程：挖掘、召回和排序三个阶段入手，分为四个研究内容进行展开，其中研究内容 1 在第

5 章有详细的介绍，因此在本章重点介绍其他同样重要的研究内容 2 ~ 4，如图 10 - 1 所示。

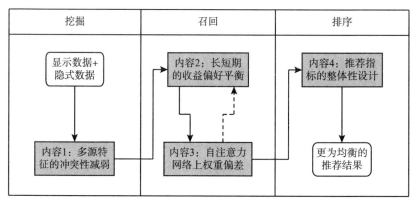

图 10 - 1　研究内容和总体思路

10.2.1　长短期的收益偏好平衡

　　默认自注意力机制的模型采用比较简单的时间戳通过 Embedding 来表达用户历史周期的一种序列关系，会产生相应的局限性。要尽可能通过 Embedding 的处理机制体现出上下文特征的差异，所以此研究内容中需要针对现有机制处理 Embedding 的信息辨识度不高，学习的多样性内容较少，且用户具有阶段性周期的特点，提出了处理长短期偏好的 Embeddings 构造框架。

　　本框架设计的动机是根据以往的经验和相关工作可知：分类的规则设计过粗，丢失一些细节特征影响预测准度；而分类的规则设计过细，不仅带来计算的冗余而且也违背了推荐系统协同的核心出发点。针对召回的核心问题：暂时性的影响和长期性的规律难以统一，对于收益偏好平衡研究内容设计了两层处理机制，既能对数据特点抓大放小，又尽可能把控细节。第一层分别基于 Embedding 中有且仅有的两类数据输入来源：User 用户和 Item 项目，设计了用户数组和项目数组来提取上下文完整的信息；然后用户数组进一步包含了绝对数组和相对数组既抓住主要特征又把握细节偏差，同时项目数组又进一步包含了长期数组和短期数组捕捉了物品的长短期偏好；最后用注意力多头分别处理的方式学习不同的 Embedding 更多样的内容，如图 10-2 所示。

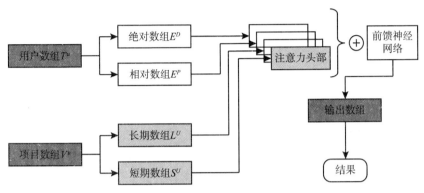

图 10-2 用户长短期偏好构建偏好模型框架

通过此框架分析，能够对用户的相对偏好，长短期收益情况量化，进一步完整地增强了模型表达效果，为推荐评价提供依据。

如果要在用户的暂时性的影响和长期性的规律中找到平衡，方案的核心是需要探究时序的影响因素：既要有对数据的取舍策略（或者对过去行为加权），又要对时间戳进行更加精细的分层处理框架来表达数据中的区别。有一些工作通过加入时间窗口策略，即抛弃哪些对系统当前无关的实例，只考虑窗内数据，窗外数据丢弃。这样的做法可以让内在特征得到重视，但是对于时间渐变带来的行为不够敏感；还有一部分工作的可取之处会依据实例间的相关性设定他们的权重，根据和当前时间的距离对数据进行加权。但有一些工作使用多个分类器，通过他们和当前时间关联情况对分类器加权。这样处理方案可能会导致丢失一些全局特征，另外，它需要把不同的用户分开考虑，这又违背了协同过滤的原则。

因此本章中召回的研究动机是：第一，框架能够解释用户在整个时间轴上的行为变化（非窗口），而不仅仅是某个时间点（段）上提取的用户行为特征；第二，需要考虑多个改变因素，一些是基于用户的，一些是基于物品的，既能反映渐变行为，又能反映突变的情况；第三，不需要预测未来较长的瞬间变化，而是在历史数据中反映出用户近期动作带来的影响。

召回研究方案严格按照以上的挑战以及动机，有别于以往工作，我们设计了带有偏差修正的双层时序的有效融合的方案，来解决整个时间轴上的行为变化。在双层时序融合模型中，定义了用户集合 U 和物品集合 V，对于每一个用户 $u \in U$，都有一个历史序列，如研究内容 2 中图 10 – 2 所示。

$V^u = [v_{1^u}, \cdots, v_{k^u}, \cdots, v_{|Vu|} | v_{k^u} \in U]$，并且每个物品都对应一个时间戳：

$T^u = [t_{1^u}, \cdots, t_{k^u}, \cdots, t_{|Vu|} | t_{k^u} \in N]$，每个 t_{k^u} 代表第 u 个用户对第 k 个物品的操作时间戳，N 为最大序列长度。当在给定已知时间戳 t_{next^u} 下，预测下一个用户可能交互的物品 v_{next^u}。下面详细介绍输入的 Embedding 分为两个部分项目数组（V^u）和用户数组（T^u）设计方案。

10.2.1.1 项目数组（V^u）Embedding

项目数组目的是通过对长短期偏好（long and short-term）偏好进行联合学习，得到用户的综合表示。而长短期数组划分依据在于会话层（session）的划分。一个会话层包含了用户选择的一个或者多个物品，而会话层之间就形成了时序关系，如图 10 – 3 所示。

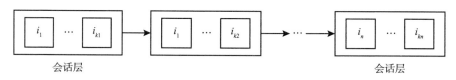

图 10 – 3　长短期偏好划分依据

对于时刻 t，以前 $t-1$ 个会话层的历史 $L_{t-1}^u = \{S_1^u, S_2^u, \cdots, S_{t-1}^u\}$ 作为长期偏好，而 t 时刻的会话层的内容 S_t^u 作为 short-term 偏好。其长短期偏好框架如图 10 – 4 所示。

经过第 1 层非攻击性的多源输入后，然后第 2 层 Embedding 根据分类规则划分出长短期偏好，通过全连接层分别映射到灰色低维空间中。第 3 层 At-

tention 长期池化层根据历史购买的物品学习用户的长期偏好,最后一层 At-
tention 长短期池化层在得到长期偏好基础上,利用注意力模型为集中的长期
特征和短期物品 Embedding 分配权重(计算方法同长期偏好),最终输出捕
捉用户的最终可能交互的物品。

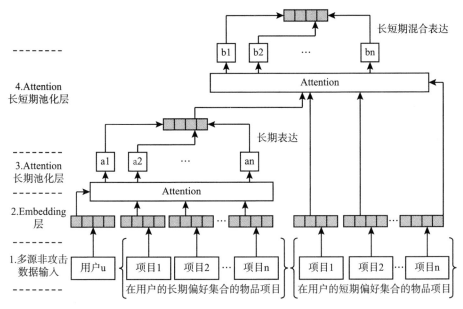

图 10-4 长短期偏好框架

10.2.1.2 用户数组（T^v）Embedding

另外,当用户不断选择新的商品,用户的行为模型会发生新的改变,原
有模型可能不再适合。为了应对这种改变,且避免使用时间窗口的方法,最
大程度地利用辅助信息,用户数组通过了相对（relative）Embeddings 以及绝
对（absolute）Embeddings 进行联合学习得到物品的综合表示。而相对与绝对
划分依据在于两个物品之间通过绝对时间戳进行转换的"自定义距离"的区
别。在绝对 Embeddings 中,框架使用"天"（day）作为长度构造矩阵的大
小;而在相对 Embeddings 中不再是以天作为单位,而是以一个时间相对矩阵
作为长度,来计算自定义距离:$d_{ab} = (t_a - t_b)/\tau$,其中 t_a 和 t_b 表示两个历史

物品，τ 是一个可以调节的参数。用户数组采用的架构和项目数组架构类似，最后输出捕捉用户的最终可能交互的物品。

需要注意的是，在用户数组增加了时间衡量物品之间的相似度（这有别于一般的深度学习做法，也有别于上述长短期的做法）。其目的是解决类似这样的场景问题：如果用户在"一天（或者相似一天）"给两个物品打了高分，和相同用户在"间隔两年（或者更长）"给同样的物品打了高分，在上述所示的用户数组的框架中，两者计算结果是不同的，即模型能够体现绝对时间点和相对时间段上用户偏好的不同。

10.2.2　自注意力网络上权重偏差

同时，在推荐的实践召回操作中，很多工作是致力通过优化模型来取得更好地拟合用户的行为数据。然而，用户的"行为习惯"存在着偏差（bias），而偏差是观察性的，而不是实验性的。典型的偏差有：选择偏差、归纳偏差、一致性偏差和流行度偏差等，盲目地对数据进行拟合，会导致很多严重的问题。如果不考虑固有偏差，同样也会影响模型拟合和用户体验。偏差对于模型的影响同样重要，因此偏差的研究包含两方面的内容：其一，如何添加能够恰当反映用户的习惯变化？其二，用户习惯的变化有何种规律？

目前自注意力模型因其对用户兴趣的全局刻画，被广泛地应用于处理序列化推荐系统的问题，但自注意力权重重点考虑了物品之间的相似度，同时考虑了用户兴趣的变化（渐变），却没有捕捉用户的行为模式变化（突变）。在本章中，我们首次将含有时序偏差的自注意力模型引入推荐系统领域，通过微调自注意力模型中的自注意力权重，加入了偏差矩阵，能够更敏感地依据用户的行为习惯动态捕获用户对物品喜好的变化。根据不同的用户状态选择不同的变化趋势函数，不仅能够反映用户渐变的爱好，同时也可以反映用户突变的兴趣，从而提高预测性能。

如何融合处理以上双层时序的 Embedding 结果以及如何优化融合后的 Softmax 输出是接下来所面临待解决的方案。

Embedding 融合通常经典的方法采用的是多头注意力机制,如图 10-5(a)中方法所示,采用相同的位置加入 Embedding(E_{item} 和 E_{user}),但这样的方法并不能学习到多样的信息。但是在本项目中,我们考虑处理方法上可以在每个头都分别处理不同的 Embedding,可以学习到更多样的内容,从而提高模型性能。具体可参考图 10-3 中:将用户数组 Embedding 中相对于绝对数组和相对数组转为 attention 中的 Query 和 Key,与此同时与项目数组 Embedding 中与之对应的长短期偏好数组结合,以图 10-5(b)中方法计算注意力。最终 4 个 Embedding 在每头注意力处与 Item Embedding 结合进行计算。

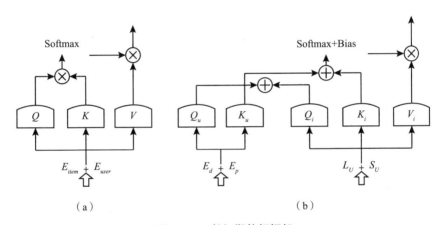

图 10-5　长短期偏好框架

同时,Attention 模型中的自注意力权重关注在物品之间的相似度而用户关注较少,且 Softmax 对于预测的概率的分布,也是制约 Attention 性能的关键因素。所以在召回的融合阶段,希望通过在 Softmax 层微调模型中的自注意力权重,进一步更好地依据用户的行为习惯动态捕获用户对物品喜好的变化。解决在均衡研究内容 2 中提出的动机,即在历史数据中反映出用户近期动作带来的影响,如图 10-5(b)中 Softmax 层添加了偏差。

Softmax 中 Bias 的偏差调整是近期应用在自然语言处理中,通过在自注意力权重当中添加了根据单词位置服从正态分布的偏差,从而改变了自注意力权重的分来增强的局部内容的关注，实现了动态地捕捉用户的兴趣。在行为习惯中也存在着偏差，本章研究受到启发，因此首次尝试将含有偏差的自注意力模型引入推荐系统领域。通过加入了偏差矩阵 B^T（在公式（10-1）中 $B_{ij}=(B)_{ij}$ 表示用户的第 i 个行为对第 j 个行为的位置影响），微调自注意力模型中的注意力权重，能够更敏感的依据用户的行为习惯动态捕获用户对物品喜好的变化。

$$S = \mathrm{ATT}(Q,\ K,\ V) = \mathrm{softmax}\left(\frac{QK^T}{\sqrt{d}} + B^T\right)V \qquad (10-1)$$

10.2.3　推荐指标的整体性设计

算法评估的困难在于对算法的所有方面作出全面和公平的度量并不容易。推荐系统研究的是用户、物品和模型之间的关系，其覆盖面广、关系复杂，导致一些评价指标之间的存在互斥的情况（例如，召回率和准确率）；此外，如果评价的对象不同，推荐的结果也可能不同（例如，用户和平台）；即使评价的对象相同，但如果时间间隔不一样，那么评价推荐结果产生也有区别（例如，长期和短期效益）。

为了反映推荐系统性能的差异，设计更为合理的性能评估框架，我们对推荐结果的准确性（accuracy）与整体性（integrality）两类评估指标进行有效耦合（简称为 A-I 评估）。具体来说，推荐系统整体性能评价的研究内容：核心在于解构 A-I 评估的"结构"和"参数"，从而有助于进一步对 A-I 最佳均衡点的预估，我们在下一节中会展开详细的讨论。

综上所述，本书整体研究内容包括：挖掘数据与 A-I 性能均衡之间的联系，即研究内容 1，哪些数据参数与准确性或者整体性正相关，哪些数据参数与整体性或者准确性负相关，它们之间关联的相似度如何计算；分析模型召回阶段与 A-I 性能均衡之间的影响，即研究内容 2；哪些结构组件相关性强，哪些结构组件相关性弱，即研究内容 3。最后通过研究内容 3 作出更准确的拟合，从而反映更真实的规律，即研究内容 4。

以上四个研究内容中，研究内容 1~3 是研究内容 4 的基础。

10.3 A-I 均衡框架的设计

10.3.1 问题定义

在本节中，我们尝试在主流 Top-N 推荐算法（以时序推荐模型 SASRec[6] 为例）的基础上融入了上一章 AND 衡量指标，并命名为整体性能 SASAND 模型. 通过对 SASAND 模型上进行不同的参数以及数据集的测试，尝试对推荐结果在准确性、多样性以及新颖性重新排序，从而达到整体最优的性能输出.

从细节来说，我们的实验旨在回答以下的研究问题：

（1）如何在序列化推荐系统的损失函数中融入 AND 衡量指标？

（2）如何设置 SASAND 模型的超参从而达到整体性能最优？

（3）整体性能 SASAND 模型在不同数据集上是否具有普适性？

10.3.2 如何在序列化推荐系统的损失函数中融入 AND 衡量指标？

为了确保准确性的情况下，实现更具多样性与新颖性的推荐结果，我们以目前准确性较优的序列化推荐系统 SASRec 作为目标损失函数，其二类交叉熵 BCE（binary cross entropy loss）公式如下：

$$loss_{ui} = -y_{ui} \times \log p_{ui} - (1 - y_{ui}) \times \log(1 - p_{ui}) \qquad (10-2)$$

其中，w_i 表示用户 u 对项目 i 的真实操作结果，p_{ui} 为用户 u 对项目 i 的模型预测正样本的概率，而（$1 - p_{ui}$）为用户 u 对项目 i 的模型预测负样本的概率。

基于前文对 AND 指标的描述，我们结合有效多样性 $ediv$ 以及有效新颖性 $enov$ 并融合到序列化推荐系统的损失函数中（传统的用户喜爱程度计算结果为 $libi$），我们设计了一个平衡权重 w_i，公式如下：

$$w_i = libi(i, u) \times enov(i) \times ediv(k) \qquad (10-3)$$

我们基于 BEC 公式（10-4）的损失函数基础上，为了融入新颖性和多样性，且由于正负样本存在互斥的情况[7]，故将其正负样本的概率分别与平衡权重 w_i 与 $1 - w_i$ 做乘积。即将原有二类交叉熵 BCE 的基础上，设计了加权二类交叉熵 WBCE（weight binary cross entropy loss），表达式如下：

$$loss_{ui}^{AND} = - w_i^{\gamma} \times y_{ui} \times \log p_{ui} - (1 - w_i)^{\gamma}(1 - y_{ui}) \times \log(1 - p_{ui}) \qquad (10 - 4)$$

与此同时，为了调整平衡权重 w_i 的程度，我们引入约束参数 $\gamma(\gamma \in [0, 1])$。基于公式（10 - 5）可知，$w_i^{\gamma}$ 是一个单调递减函数，那么当 γ 接近 0 时，$loss_{ui}^{AND}$ 等价于公式（10 - 4），即 BCE，推荐结果准确性的权重较大；而当 γ 接近 1 时，$loss_{ui}^{AND}$ 推荐结果中的多样性和新颖性权重较大。

具体细节见算法 1，在 SASAND 模型中输入用户集 U、项目集 I、标签集 Y 以及约束平衡权重参数 γ。首先对于模型中每一个 u 和 i，通过 AND 指标计算的平衡权重 w_i 与原本 $loss_{ui}$ 中的正负样本做乘积。然后通过迭代计算更新正负样本新的输出排序，当满足 SASAND 模型设定的最优性能时，最终输出 $loss_{ui}^{AND}$。

算法 10 - 1   SASAND 算法

---

1. 输入：用户集 $U(u \in U)$、项目集 $I(i \in I)$、标签集 $Y(y_{ui} \in Y)$、平衡权重约束参数 γ；
2. 输出：$loss_{ui}^{AND}$；
3. 　　初始化；
4. 　　　随机选择观察数据集 $\{(u, i, y_{ui}, \gamma)\}$；
5. 　　　对每个观察数据集 (u, i, γ, y_{ui}) 做如下操作；
6. 　　　　$wi \leftarrow libi(i, u) \times nov(i) \times ediv(k)$；
7. 　　　　$loss_{ui}^{positive} \leftarrow - w_i^{\gamma} \times y_{ui} \times \log(p_{ui})$；
8. 　　　　$loss_{ui}^{negtive} \leftarrow (1 - w_i)^{\gamma}(1 - y_{ui}) \times \log(1 - p_{ui})$；
9. 　　　　$loss_{ui}^{AND} = loss_{ui}^{positive} + loss_{ui}^{negtive}$；
10. 　　结束 for 循环；
11. 直到满足停止条件（达到整体性最优）。

10.4　A-I 均衡框架实验结果及分析

10.4.1　如何设置 SASAND 模型的超参从而达到整体性能最优?

我们测试了 SASAND 模型在 ML-100k 上对推荐系统指标 NDCG、HR、

AND、EPC 和 CC 在遍历表现的结果，如表 10 - 1 所示。

表 10 - 1　　　SASAND 模型在 ML-100K 上不同指标对 γ 中的表现结果

γ 值	NDCG	HR	AND	EPC	CC
0	0.4418	0.7253	0.7870	0.8590	0.9275
0.1	<u>0.4572</u>	<u>0.7433</u>	0.7903	0.8641	0.926
0.2	**0.4635**	**0.7476**	0.8083	0.8728	0.9361
0.3	0.4376	0.7158	0.8211	0.8757	0.9472
0.4	0.4192	0.6924	0.8349	0.8832	0.9564
0.5	0.3841	0.6648	0.8571	0.8859	0.9777
0.6	0.3452	0.6203	0.8918	0.8882	1.0139
0.7	0.3097	0.5949	0.9213	0.8898	1.0460
0.8	0.2027	0.4103	1.0158	0.8761	<u>1.1706</u>
0.9	0.0659	0.1463	**1.0770**	<u>0.8968</u>	**1.2124**
1	0.0468	0.1155	<u>1.0397</u>	**0.9143**	1.1476

注：不同算法获得的最佳值用粗体表示，第二优值用下划线表示。

　　基于在 SASAND 模型所呈现的性能规律来看，当提高多样性和新颖性性能时，准确性性能随之下降。基于此结果，我们设置超参的动机是：探索如何在损失最少 NDCG 的情况下，得到最大的 AND 收益。值得一提的是，SASAND 模型在 ML-100k 数据集中，分别在 NDCG（Top-10）与 AND 指标上，同时都得到了提升。我们设计了性能变化率 CR（changing rate）作为衡量单位，CR 是 NDCG 与 AND 的变化量比率的绝对值，CR 公式描述如下：

$$CR_\gamma = \left| \frac{\Delta NDCG_\gamma}{\Delta AND_\gamma} \right| = \left| \frac{NDCG_\gamma - NDCG_0}{AND_\gamma - AND_0} \right| \qquad (10-5)$$

其中，$NDCG_0$ 是原本的 SASRec（当 $\gamma = 0$）的 NDCG，AND_0 同理。$NDCG_\gamma$ 是 SASAND 对应不同的 NDCG 值，而 AND_γ 同理。

　　ML-100k 变化率的计算结果如表 10 - 2 所示，例如：

　　当 $\gamma = 0$ 时，$NDCG = 0.4418$，$AND = 0.7870$；

当 $\gamma = 0.3$ 时，$NDCG = 0.4376$，$AND = 0.8211$。

当 $\gamma = 0.3$ 时，$\Delta NDCG = -0.0042$，同理 $\Delta AND = 0.0341$，则当 $\gamma = 0.3$ 时，基于公式（10 - 5）可知 $CR = 0.1232$。理论上，当 CR 越小，则模型呈现准确性、多样性以及新颖性的整体性能最优。

表 10 - 2　　　　　　　　　　统计不同 γ 的 CR

γ 值	$NDCG$	$\Delta NDCG$	AND	ΔAND	CR
0	0.4418	—	0.7870	—	—
0.1	<u>0.4572</u>	<u>0.0154</u>	0.7903	0.0033	4.6667
0.2	**0.4635**	0.0217	0.8083	0.0213	1.0188
0.3	0.4376	**- 0.0042**	0.8211	0.0341	**0.1232**
0.4	0.4192	- 0.0226	0.8349	0.0479	<u>0.4718</u>
0.5	0.3841	- 0.0577	0.8571	0.0701	0.8231
0.6	0.3452	- 0.0966	0.8918	0.1048	0.9217
0.7	0.3097	- 0.1321	0.9213	0.1343	0.9836
0.8	0.2027	- 0.2391	1.0158	0.2288	1.0450
0.9	0.0659	- 0.3759	**1.0770**	**0.2900**	1.2962
1.0	0.0468	- 0.395	<u>1.0397</u>	<u>0.2527</u>	1.5631

注：不同算法获得的最佳值用粗体表示，第二优值用下划线表示。

从表 10 - 2 中我们可以知，在 ML-100k 数据集中，当 $\gamma = 0.3$ 时，在 SASAND 模型中推荐结果达到三者性能最优。接下来，我们希望进一步探索 SASAND 模型在不同的数据集是否具有普适性，以及在不同数据集的特征与 γ 之间存在的规律。

10.4.2　整体性能 SASAND 模型在不同数据集上是否具有普适性？

为了评估 SASAND 模型在不同数据集下的表现规律，我们选择了四种主流的数据集进行验证：

（1）LastFM：该数据集可提供关于用户听歌序列的数据，数据中还包含用户注册信息以及音乐相关信息。

（2）Serendipity：该数据是基于真实用户对意外发现有价值推荐项目的反馈，用于研究推荐系统中的惊喜感。

（3）MovieLens（100k/1M）：该数据集包含多个用户对多部电影的评级数据，也包括电影元数据信息和用户属性信息。我们选择了两种体量的数据集进行验证，分别是 ML-100k 以及 ML-1M。

值得一提的是以上数据集的预处理方式 SASRec 的处理数据的方式保持一致。

在表 10 - 3 中，统计了测试的数据集的用户数量、项目数量、项目类别数量以及对应的数据密度。值得注意的是：表中最后一列记录了这四个数据集 SASAND 模型中推荐结果达到准确性、新颖性和多样性三者性能变化率最优 CR 所对应的值（不同数据集中的实验操作与 ML-100k 中表 10 - 1 与表 10 - 2 原理）。

表 10 - 3 数据统计（数据预处理后）

数据集	用户数量	项目数量	项目类别数量	数据密度（%）	γ
ML-100k	943	1682	19	6.305	0.3
ML-1M	6040	3706	18	4.468	0.3
Lastfm	1892	12523	9749	0.787	0.1
Serendipity	104661	49151	982	0.194	0.1

从表 10 - 3 我们可以得知，当数据集项目类别多时（密度小时），γ 推荐使用 0.1；当数据集项目类别少时（密度大时），γ 推荐使用 0.3。因为类别较多的数据集，本身的多样性就比较丰富，所以 γ 相对较小。

同时，我们在表 10 - 4 中比较了不同数据集所对应的原始模型（SAS-Rec）与整体性能模型（SASAND）下 NDCG（准度）与 AND（综合）指标的比较结果。从表中我们得知，通过在不同的数据集中，对原有损失函数进行加权二类交叉熵的优化后，虽然 SASAND 算法的 NDCG 比 SASRec 略有降低，但是在 AND 指标中，即整体性能都要比 SASRec 有较高的提升。

表 10-4   **SASAND 与原始 SAS 在不同数据集上的对比**

数据集	Metrics	SASRec	SASAND
ML-100k	NDCG@10	**0.4418**	0.4376
	AND@10	0.7870	**0.8211**
ML-1M	NDCG@10	**0.5905**	0.5775
	AND@10	0.7400	**0.8124**
Lastfm	NDCG@10	**0.2279**	0.1993
	AND@10	1.8917	**2.4435**
Serendipity	NDCG@10	**0.8128**	0.8106
	AND@10	2.0403	**2.1101**

注：粗体表示测试结果中最好的结果。

如在 ML-100k 的指标变化中，SASAND 的 NDCG（Top-10）比 SASRec 的降低了 0.0042，但是 AND 变量却增加了 0.0341。该特性在四个数据中，都有类似的体现。从而证实了我们的 SASAND 模型在不同数据集中是具有普适性的。

10.5　本章小结

在本章中，我们提出了一个新的推荐系统性能评估框架 AND，该框架同时考虑了推荐系统的三个重要指标，包括准确性、新颖性和多样性。与其他相关工作相比，我们进一步改进了多样性与新颖性的有效表达。同时基于 AND 框架，我们提出了一种新的加权二类交叉熵的损失函数 WBCE 并应用到序列化推荐算法中，该模型命名为 SASAND。

通过在假设数据集和基准数据集上的实验证明，我们的框架可以区分不同算法在同一数据集上的推荐性能。同时，与其他指标相比，所提出的 AND 框架对推荐多样性、新颖性和准确性方面的结果更加敏感。另外，与主流模型对比，SASAND 能够尽最大可能提高推荐结果的整体性能。

未来，我们将进一步考虑耦合更多的评论指标。此外，我们将继续研究和发展我们的方法，以获得更高的在线性能，并将其部署在工业产品中。

本章参考文献

［1］ Dacrema M F, Cremonesi P, Jannach D. Are we really making much progress? A worrying analysis of recent neural recommendation approaches ［C］. In Proceedings of the 13th ACM Conference on Recommender Systems, 2019: 101 – 109.

［2］ 刘建国，周涛，郭强，等. 个性化推荐系统评价方法综述 ［J］. 复杂系统与复杂性科学，2009（3）: 5 – 14.

［3］ Zhang T, Zhu Z. Interpreting adversarially trained convolutional neural networks ［C］. International Conference on Machine Learning, 2019: 7502 – 7511.

［4］ 何慧. 基于高斯模型和概率矩阵分解的混合推荐算法 ［J］. 统计与决策，2018, 34（3）: 84 – 86.

［5］ Sun Z, Yu D, Fang H, et al. Are we evaluating rigorously? benchmarking recommendation for reproducible evaluation and fair comparison ［C］. Fourteenth ACM Conference on Recommender Systems, 2020: 23 – 32.

［6］ Kang W C, McAuley J. Self-attentive sequential recommendation ［C］. 2018 IEEE International Conference on Data Mining（ICDM）. IEEE, 2018: 197 – 206.

［7］ Lin T Y, Goyal P, Girshick R, et al. Focal loss for dense object detection ［J］. IEEE Transactions on Pattern Analysis & Machine Intelligence, 2017（99）: 2999 – 3007.